品读武汉美食

PINDU WUHAN MEISHI

武汉市政协文化文史和学习委员会
武汉出版集团公司 编

阮祥红 姚伟钧 主编

HAN BOOK 版
武汉出版社
WUHAN PUBLISHING HOUSE

（鄂）新登字08号

图书在版编目（CIP）数据

品读武汉美食 / 武汉市政协文化文史和学习委员会，武汉出版集团公司编；阮祥红，姚伟钧主编. -- 武汉：武汉出版社，2024. 12. -- ISBN 978-7-5582-7202-8

Ⅰ. TS971.202.631

中国国家版本馆 CIP 数据核字第 20249XQ023 号

品读武汉美食

编　　者：武汉市政协文化文史和学习委员会
　　　　　武汉出版集团公司
主　　编：阮祥红　姚伟钧
责任编辑：杨　振　谌丽平
封面设计：沈力夫
出　　版：武汉出版社
社　　址：武汉市江岸区兴业路 136 号　　邮　　编：430014
电　　话：（027）85606403　　85600625
http://www.whcbs.com　　E-mail:whcbszbs@163.com
印　　刷：武汉精一佳印刷有限公司　　经　　销：新华书店
开　　本：787 mm×1092 mm　　1/16
印　　张：19　　字　　数：280 千字
版　　次：2024 年 12 月第 1 版　　2024 年 12 月第 1 次印刷
定　　价：128.00 元

关注阅读武汉
共享武汉阅读

本书编委会

导 语

习近平总书记指出："城市建设，要让居民望得见山、看得见水、记得住乡愁。'记得住乡愁'，就要保护弘扬中华优秀传统文化，延续城市历史文脉，保留中华文化基因。"[1]而在武汉丰厚的文化资源中，美食是重要的组成部分，也是重要的乡愁和文化基因。为传播、弘扬武汉美食文化，我市组织了"十大名菜、十大名点、十大伴手礼"的评选活动。在此背景下，编写出版《品读武汉美食》一书，以美食为媒介，通过深入品味武汉美食，让大家领略江城丰富的历史文化底蕴，探寻武汉美食背后的城市文化精神，为文化与经济的高质量发展注入新动力，提升武汉城市文化品牌的知名度和影响力。

一、武汉美食文化形成的历史背景与演进脉络

武汉为国家历史文化名城，自古以来就有丰富多彩的饮食文化，这些饮食文化融入了荆楚饮食风俗之中。如果从现代武汉饮食风俗往上溯源，有许多元素都可以在古代荆楚饮食风俗中找到传承的脉络。

荆楚文化作为一个大地域文化，其中含有若干个基本的子文化，如江汉文化、湖湘文化、江淮文化，在这三个文化周边还有一些边缘文化。荆楚文化的兴起，有其独特而优越的地理环境。位于长江中游的江汉平原，西有巫山、荆山耸峙，北有秦岭、桐柏、大别诸山屏障，东南围以幕阜山脉，恰似一个马蹄形的巨大盆地，唯有南面敞开，毗连洞庭湖平原。在这里，长江横

1 习近平:《加强文化遗产保护传承 弘扬中华优秀传统文化》,《求是》2024年第8期。

贯平原腹部；汉江自秦岭而出，逶迤蜿蜒；源出于三面山地的一千多条大小河流，形成众水归一、汇入长江的向心状水系。千万年来，由于巨量泥沙的淤积，形成了肥沃的冲积平原，所以荆楚地区“地势饶食，无饥馑之患”。“荆有云梦，犀兕麋鹿满之，江汉之鱼鳖鼋鼍为天下富。”至今武汉及周边各地，仍被誉为“鱼米之乡”。

《楚辞·招魂》就记录了荆楚地区主食、菜肴以及精美点心、酒水饮料等三十多个品种的名食，展现了楚国食物原料的丰富、烹调方法及调味手段的多变；汉赋《七发》中记载了牛肉烧竹笋、狗羹盖石花菜、熊掌调芍药酱、鲤鱼片缀紫苏等荆楚佳肴；《淮南子》也盛赞楚人调味精于“甘酸之变”；晚唐诗人罗隐《忆夏口》有“汉阳城下多酒楼”，反映了武汉地区的饮食业在一千多年前就有了一定的规模。

随着历史的发展，武汉逐渐成为全国的政治、经济、文化中心之一。明清时期，武汉的商贸活动更加繁荣，各地商贾云集，带来了各地的饮食文化。这些外来饮食文化与本地饮食文化相互融合，逐渐形成了独具特色的武汉美食文化。

民国时期，武汉的饮食文化得到了进一步的发展。这一时期，武汉的餐饮业逐渐繁荣起来，各种餐馆、小吃摊点遍布街头巷尾。同时，武汉也涌现了一批著名的美食家和厨师，他们不断创新和尝试，推出了许多新的菜品和小吃。

中华人民共和国成立后，武汉的美食文化得到了更加迅速的发展。随着人们生活水平的提高和饮食观念的变化，武汉的餐饮业也在不断创新和变革。各种新的菜品和小吃不断涌现，传统美食也得到了更好的传承和发展。同时，武汉的美食文化也逐渐走向全国、走向世界，吸引了越来越多的国内外游客前来品尝。

2024 年 4 月 29 日，武汉“十大名菜、十大名点、十大伴手礼”评选活动结果正式出炉，武汉十大名菜是排骨藕汤、辣得跳、鱼头泡饭、黄陂三鲜、油焖小龙虾、清蒸武昌鱼、珍珠圆子、红烧甲鱼、腊肉炒洪山菜薹、新农牛肉。武汉十大名点是热干面、三鲜豆皮、面窝、鲜肉汤包、鲜鱼糊汤粉、蛋酒、腊肉豆丝、糯米鸡、重油烧卖、糯米包油条。武汉十大伴手礼是蔡林记热干面礼盒、扬子江食品追光武汉糕点礼盒、53度黄鹤楼酒南派大清香、汪玉霞随心配·优选武汉礼、湖锦藕多多排骨汤、楚味堂武昌鱼礼盒、周黑鸭谢谢礼礼盒、悦游文创黄鹤古韵旋转灯、武汉植物园东湖樱花荷花桂花梅花四季香薰、仟吉食品海藻糖绿豆糕黄鹤楼联名款。

武汉美食的演进是一个漫长而复杂的过程。从早期的楚文化影响，到明清时期的外来文化融入，再到民国时期的餐饮业繁荣和当代的创新发展，武汉美食文化不断演变和发展，形成了今天独具特色的风味体系和品种。未来，随着武汉经济的不断发展和文化的不断繁荣，相信武汉美食文化将会迎来更加广阔的发展前景。

二、武汉美食的文化内涵与独特风味

武汉美食融合了南北风味，既有荆楚文化的传统底蕴，又展现了长江中游地区的独特风味。它的文化内涵和独特风味都是这座城市不可或缺的一部分，也是吸引无数美食爱好者前来探寻的原因。

武汉得天独厚的地理位置与丰饶的自然资源，为当地美食文化的繁荣奠定了坚实的基石。武汉周围水网纵横交错，孕育了种类繁多的水生宝藏，加之优越的气候条件，共同铸就了武汉“鱼米之乡”的美誉。

在武汉的江与湖中，88种淡水鱼悠然自得，它们不仅是水域生态的鲜活注脚，更是汉菜独特风味不可或缺的源泉。这些源自江河湖泊的烹饪原料，经过武汉人巧手施为，化作一道道令人垂涎的佳肴，成为武汉美食体系中的亮点所在。

武汉人民深谙水产品的烹饪之道，他们以无穷的创意和匠心，将鱼虾变为色香味俱佳的珍馐。诸如清蒸武昌鱼、红烧甲鱼、红烧鮰鱼等水产菜品，便是武汉烹饪艺术中的瑰宝。这些菜品的制作，不仅讲究火候精准，更注重调料的和谐搭配，令鱼肉质地鲜嫩，口感细腻，汤汁醇厚，滋味绵长。

武汉美食在烹调技法上亦展现出独树一帜的风采。蒸、煨、炸、烧等多种烹饪手法被广泛应用，每一道工序都凝聚着厨师们对火候的严苛把控。以清蒸武昌鱼为例，其火候的把握犹如走钢丝，稍有不慎，便可能从鲜嫩坠入糜烂，或从细滑转为干硬。正是这种对火候精确到毫厘的驾驭，彰显出武汉厨师超凡的烹饪智慧。

武汉美食世界的丰富多彩，使其在华夏大地美食版图上熠熠生辉。据统计，汉菜已拥有近千种菜点，其中传统名菜点逾五百种，而典型名菜名点亦有百种之多。武汉丰富的食材库，为武汉的美食爱好者们提供了无尽的选择空间，既有清淡的蔬菜类菜品，也有油荤的肉类菜品。其菜品之丰富、口味之多样，令人目不暇接，舌尖上的享受无穷无尽。

武汉的早餐文化是其独特风味的重要体现。武汉人讲究“过早”，即重视早餐的品质和丰富程度。武汉的早餐种类繁多，如热干面、豆皮、牛肉粉、豆腐脑等，每一种都有其独特的口感和味道。其中，热干面以其独特的芝麻酱和面条口感成为武汉早餐的代表之一。据传，民国时期汉口的蔡林记面馆开始售卖热干面，很快风靡全城，成为武汉人“过早”的首选。

除了早餐外，武汉的夜宵也十分有特色。武汉的夜宵摊点遍布街头巷尾，为人们提供各种美食。无论是烧烤、小龙虾还是火锅等，都是武汉人消夜的热门选择。这些美食在口感和味道上各有千秋，让人在夜晚也能享受到美食的乐趣。改革开放后，武汉的夜市文化迅速发展，形成了独特的“夜经济”，为城市注入了新的活力。

在兼收并蓄中发展起来的丰富多样的武汉小吃，能够满足不同人的口味，适应天下人的需要。武汉地处祖国中部，长江横贯其境内，它会集了天南海北各地人，同时兼收并蓄了东南西北的饮食文化，使得武汉小吃呈现出各地风味荟萃的特色。无论是热干面还是其他小吃，都可以根据个人口味任意调味，这种包容性和多样性使得武汉小吃在全国范围内享有独特的地位。

三、武汉美食文化对中国饮食文化发展的影响

经过几千年的发展，武汉在荆楚文化的影响下，凭借“九省通衢”的地理优势，其饮食文化吸收了长江上游的巴蜀，长江下游的吴越，乃至中原、两广各地饮食文化的精华，最终形成了“鱼米之乡，蒸煨擅长，鲜香为本，融合四方”的风味特色，既有荆楚传统，又有时代特点，体现了长江中游区域的饮食文明。

楚菜滥觞于春秋战国时期之楚国，绵延至今，约两千八百年岁月悠悠，楚菜烹饪技艺以其独特的魅力，书写着中华美食史上的华章。楚菜的发展历史，是一段跨越时空的美食探索与传承之旅。新石器时代，湖北地区的古人类便已展现出烹饪的智慧，他们巧妙运用烧、烤、蒸、煨、煮等多种技法，将自然界的馈赠转化为美味，为楚菜的诞生奠定了坚实的基础。夏商至春秋战国时期，楚菜烹饪技艺初露锋芒。《楚辞·招魂》与《楚辞·大招》中，不仅描绘了楚地丰富的宴饮场景，更透露出当时楚人已熟练掌握烧、烤、蒸、煮、炒等十数种烹饪技法，并深谙五味调和之奥秘，使得楚菜成为中国美食文化的重要源头之一，其风味独特，令人向往。

武汉是荆楚饮食文化的中心。自明清以来，武汉就是湖北地区的政治、经济、文化中心，湖北各地菜品、厨师会聚在此，使之成为“楚菜”味型形成与创新之地。武汉餐饮业协会数据显示，武汉拥有29条特色美食街，数量仅次于上海和广州；拥有31座“航母餐厅”，位居全国首位；市内共有66座餐饮综合城。楚菜餐厅在武汉餐饮企业中占75%，楚菜在食堂和餐厅用餐占比分别为98%和75%，全市26家龙头婚宴酒店几乎均以楚菜为主。随着生活水平的提高，大家更加注重健康少油，川菜已经由30%的武汉餐

饮市场占比下降至 8%，湘菜也只占 10%。

联合国国际农业发展基金会最近发表了 2023 年度中国十大菜系排名，楚菜排名第二。在中国博大精深的饮食文化中，楚菜以其独特的地域风情与烹饪技艺，占据了举足轻重的地位。“蒸煨擅长，鲜香为本”，是对楚菜风味的高度概括，楚菜极大地丰富了中国的饮食文化。武汉美食以其丰富的口味和烹饪技法，为中国饮食文化注入了新的活力。例如，武汉的蒸、煨、烧等烹饪技法，不仅注重对火候的掌握，还追求食材的原汁原味，这种烹饪理念对全国各地的饮食文化都产生了深远的影响。

武汉作为“九省通衢”之地，其美食文化也呈现出多元化的特点。这种多元化的美食文化不仅满足了不同人群的口味需求，也促进了饮食文化的交流与融合。来自全国各地的游客在品尝武汉美食的同时，也将自己的饮食文化带到了武汉，这种双向的交流与融合，使得中国的饮食文化更加丰富多彩。比如，在清代，随着京汉铁路的开通，更多的北方菜肴传入武汉，并与本地口味结合，形成了独特的混合风味。1861 年汉口开埠以后，一些外国风味的餐馆开始在武汉出现。这些异国风味的餐馆在当时被人们称为番菜馆（后又被称为西餐馆、西餐厅）。武汉美食很早就展现了其多元、包容的特性。这种特性使得武汉美食在满足本地居民口味的同时，也吸引了大量国内外游客前来品尝。越来越多的游客因为武汉美食而来到这座城市，他们在品尝美食的同时，也感受到了武汉深厚的文化底蕴和独特的城市魅力。这种文化的传播和影响力的提升，对武汉的经济发展和社会进步都起到了积极的推动作用。

总之，武汉美食在中国饮食文化中占有举足轻重的地位，其独特的口味和深厚的文化底蕴不仅丰富了中国的饮食文化，也促进了饮食文化的交流与融合。同时，武汉美食也提升了武汉的知名度和影响力，为武汉的经济发展和社会进步注入了新的动力。在未来，随着文化的进一步传播和交流，武汉美食必将继续在中国饮食文化的舞台上熠熠生辉。

四、武汉美食的发展趋势与努力方向

武汉所具有的独特的区位优势，为餐饮业的快速发展提供了有利的条件，餐饮业在武汉市的经济发展战略中占有重要地位。近年来，在政府有关部门的大力扶持及广大餐饮业从业者的努力经营下，武汉餐饮业取得了较快的发展。武汉美食作为这座城市的名片之一，其发展趋势和未来规划备受关注。

2024 年 7 月，国务院下发了《关于促进服务消费高质量发展的意见》，提出要“提升餐饮服务品质，培育名菜、名小吃、名厨、名店。鼓励地方传承发扬传统烹饪技艺和餐饮文化，培育特色小吃产业集群，打造‘美食名镇’、‘美食名村’。办好‘中华美食荟’系列活动，支持地方开展特色餐饮促消费活动。鼓励国际知名餐饮品牌在国内开设首店、旗舰店。提升住宿服务品质和涉外服务水平，培育一批中高端酒店品牌和民宿品牌”。这不仅聚焦于餐饮服务品质的提升与特色餐饮文化的培育，更预示着“美食 +”经济新时代的到来。这一战略部署，通过“美食 + 文旅”“美食 + 养生”“美食 + 社交”“美食 + 创意”等多维度融合，为餐饮业开辟了广阔的市场空间，成为推动经济高质量发展和消费升级的关键力量。在科技日新月异的今天，城市消费新业态的构建正以前所未有的速度推进，其中，“美食 +”策略作为一股强劲的驱动力，正深刻改变着城市的消费生态与文化面貌。

武汉市作为华中地区的经济、文化中心，正积极响应国家号召，全面增强餐饮产业的核心竞争力。武汉市政府通过一系列政策保障与资金扶持，为文旅、餐饮行业注入强劲动力。在此背景下，宣传推广武汉“十大名菜、十大名点、十大伴手礼”，不仅是推动文旅餐饮融合发展的创新实践，更是布局产业发展新赛道的重要一步。因为文旅与餐饮的深度融合，不仅提升了旅游的文化内涵与餐饮的附加值，还带动了相关产业链的协同发展，为城市经济注入了新的活力。从文化层面看，这种融合促进了旅游与餐饮品位的双重升级，使游客在品味美食的同时，也能感受到深厚的文化底蕴；从经济层面讲，它又是推动旅游产业创新发展、促进城市经济繁荣的强大引擎。

武汉餐饮业要实现全面升级与繁荣发展，需从顶层设计到实践落地，全方位推进平台构建、资源整合与精准服务，以满足多元化、高品质的消费需求。例如，要进一步强化产品研发与创新引领。武汉餐饮业应聚焦于产品的持续创新，不仅要在传统配方上精雕细琢，更要勇于尝试新口味、新组合，融入健康、有机、素食等现代饮食理念，融入地方文化元素，推出符合时代潮流的新品。

要大力培育名店，强化品牌效应。通过科学分级分类评选机制，培育一批品控卓越、特色鲜明的名店，重点扶持汉味地道食材及系列产品的研发与生产，提升武汉名菜、名点等的品牌工程质量。

要加强名厨培育，传承与创新并举。加大对楚菜大师的支持力度，设立烹饪大师工作室，通过竞赛选拔、专业培训等方式，培养一批技艺精湛、富有创新精神的名厨。

要着力打造美食文化街区，提升消费体验。依托现有知名美食街，注重情景空间的营造与文化氛围的塑造，运用大数据等现代信息技术优化业态布局，提升街区品质。借鉴国内外成功案例，打造具有武汉特色的美食文化街区，让消费者在享受美食的同时，也能感受到武汉浓厚的文化氛围和深厚的历史底蕴。通过增强消费吸引力、商业竞争力和街区凝聚力，推动武汉餐饮业向更高水平发展。

要更加注重国际化。随着全球化的发展，人们的口味和需求也在不断变化。武汉美食要更加注重多元化和国际化的发展，以满足不同人群的口味需求。在保持传统美食特色的基础上，武汉美食要不断尝试新的口味和烹饪技法，引入更多的国际元素，打造更具国际影响力的美食品牌。

随着人们生活水平的提高和健康意识的增强，健康、环保的餐饮理念逐渐深入人心。武汉美食要更加注重食材的选择和烹饪过程的健康环保。使用绿色、有机食材，减少添加剂和调味品的使用，推广健康、低脂、低糖的烹饪方式，将成为武汉美食未来的发展方向。

随着互联网和科技的快速发展，数字化和智能化已经成为餐饮行业的必然趋势。武汉美食要积极拥抱数字化和智能化，通过线上预订、外卖服务、智能点餐等方式提高服务效率和优化用户体验。例如，许多餐厅已经引入了智能点餐系统，顾客可以通过手机查看菜单、下单、支付，极大地提升了用餐体验。同时，利用大数据和人工智能等技术手段，对顾客口味和需求进行深入分析，为美食的研发和创新提供有力支持。

展望未来，武汉美食将继续保持其独特的魅力和影响力。在多元化、国际化、健康环保化、数字化、智能化等发展趋势的推动下，武汉美食会不断创新和发展，成为更加具有吸引力和竞争力的美食品牌。同时，随着武汉城市建设的不断发展和旅游业的繁荣，武汉美食也将迎来更加广阔的发展空间和更多的机遇。我们有理由相信，未来的武汉美食将更加丰富多彩、特色鲜明，在全球饮食文化的舞台上绽放更加耀眼的光芒。

姚伟钧

华中师范大学历史文化学院教授

湖北省文化遗产保护研究会会长

目 录

第一章 武汉名菜品尝

第二章 武汉名点（小吃）品味

第三章 武汉美食伴手礼品鉴

附 录

第一章

武汉名菜品尝

楚天第一菜
——清蒸、红烧武昌鱼

早在一千八百年前的三国时期，武昌鱼就已开始享有盛名。三国东吴孙权建都武昌（现鄂州），以武昌鱼宴请功臣，自此武昌鱼名声大噪，延续至今。在漫长的历史岁月中，武昌鱼不仅因其鲜美的口感而备受赞誉，更因其丰富的文化内涵而成为文人墨客笔下的常客。

清蒸武昌鱼

一、武昌鱼美誉流传的源起

“昔人宁饮建业水，共道不食武昌鱼。公来建业每自如，亦复不厌武昌居。”这是北宋王安石描绘湖北鄂州风物的怀旧诗——《寄鄂州张使君》。诗中“昔人宁饮建业水，共道不食武昌鱼”一句，说的是东吴最后一个皇帝孙皓要迁都武昌，但吴国的大臣贵族们不愿远走他乡，因此群起反对。其时，左丞相陆凯上疏孙皓，并引用了民谣“宁饮建业水，不食武昌鱼。宁还建业死，不止武昌居”。这既反映了当时吴国上下一致反对从建业迁都武昌，同时也说明了在一千七百多年前，不仅武昌鱼名声在外，而且其美味早已被人们赞赏。

这段史实使武昌鱼名声大振，以此入典的诗词历代多有，著名者如南北朝时期诗人庾信所作的“还思建业水，终忆武昌鱼”（《奉和永丰殿下言志十首》），唐代诗人岑参的“秋来倍忆武昌鱼，梦著只在巴陵道”（《送费子归武昌》），宋代诗人范成大的“却笑鲈乡垂钓手，武昌鱼好便淹留”（《鄂州南楼》）。

三国以来，在不少历史文献中，以为武昌鱼泛指武昌出产的鱼。但近几十年来经过科学鉴定，确认梁子湖中的团头鲂才是名副其实的武昌鱼。梁子湖烟波浩渺，湖水清澈，鱼类资源十分丰富，樊口是梁子湖通向长江的出口，这里的鳊鱼最负盛名。清代光绪《武昌县志》记载：“鳊产樊口者甲天下，是处水势回旋，深潭无底。渔人置罾捕得之，止此一罾味肥美，余亦较胜别地。”

20世纪50年代初，我国鱼类学专家、华中农学院（今华中农业大学）教授易伯鲁等对梁子湖所产鳊鱼进行观察、鉴别，发现了三个鳊亚科鱼种，即长春鳊、三角鳊和团头鲂，前两种鱼广泛分布于全国各地江湖，唯团头鲂系梁子湖独有，故称之为“武昌鱼”。

团头鲂与三角鳊同属鲂，但据易伯鲁的研究，团头鲂有几个主要特点：一是团头鲂吻端纯圆，同三角鳊比较，口略宽，上下曲颌曲度小；二是团头鲂的头一般略短于三角鳊；三是团头鲂尾柄最低的高度总是大于长度，三角鳊尾柄的长度和最低高度几乎相等；四是团头鲂鳔的中室是最膨大的部分；

五是团头鲂腹椎和肋骨有 13 根，三角鳊却只有 10 根；六是团头鲂的体腔全为灰黑色，三角鳊为白色且带有浅灰色色素。

武昌鱼肉质肥嫩、鲜美，富含脂肪，宜清蒸、红烧、油焖等。

相传，三国时，武昌樊口是吴国造船的地方。有一天，为了庆贺大船下水，孙权命人摆设酒宴，老百姓纷纷送来各色各样的鲜鱼。樊口的鳊鱼，更是酒席中的上等菜。只见厨师将鳊鱼清蒸后，端上桌来，孙权尝过后，极感兴趣，便连要了三盘，吃得干干净净，因此，也多喝了一些酒。

孙权吃着清蒸武昌鱼，问："这鱼出自何处？"旁边一位大臣答道："这是一位老渔翁为感谢您的恩德送来的，不知出自哪里。"孙权听了非常高兴，遂命人将这位老渔翁找来。

老渔翁进了宴会厅，孙权命人赏他一碗酒，要他说说这鱼出自哪里。老渔翁一口喝完了酒，说："这种鱼叫鳊鱼，出在百里外的梁子湖。每当涨水季节，它游经 90 里长港，绕过 99 道湾，穿过 99 层网来到长港的出水口，这出水口名叫樊口，这里一边是港水清清，一边是江水浑黄，鳊鱼喝口浑水，吐一口清水，喝一口清水，吐一口浑水，经过七天七夜，使原来的黑鳞变成银白色，原来的黑草肠变成肥美的白油肠，所以鱼肉格外味美。"

孙权听得入了神，又命人赏一碗酒。老渔翁也不客气，接过酒又喝完了。接着，他又说："这种鱼，油也多，鱼刺丢进水中，可以冒出三个油花。"孙权不信，便亲自一试，果然，别的鱼刺只冒出一个油花，只有鳊鱼刺在水中翻出三个油花来。孙权一看，十分感兴趣，便亲自起身，端起一碗酒赏给老渔翁。老渔翁双手接过酒后又说："用这种鱼刺冲汤可以解酒，喝酒多也醉不了。"孙权听了半信半疑，遂命人用开水将鱼刺冲成汤，孙权喝了一口，顿感神志清醒，大臣们喝后，也个个拍手称赞。随之，孙权兴起，端起酒碗，面对众臣道："想不到我东吴有这样好的武昌鱼。"

二、毛主席与武昌鱼的佳话

新中国成立后，毛主席48次来到武汉，居住时间最长的一次长达178天，居住时间仅次于北京。毛主席在武汉期间，有两大爱好一直没有变：一是畅游长江，二是吃武昌鱼。

1956年5月31日，毛主席离开长沙来到武汉。上午9点钟左右，晴空万里，毛主席在湖北省委第一书记王任重等人的陪同下，登上停泊在汉口王家巷码头的“永康号”轮。随即，轮船逆流而上。毛主席从武昌岸边长江大桥8号桥墩附近下水，开始他的第一次畅游长江，一直游到汉口谌家矶江面登船，历时约2小时，全程近14千米。毛主席在船上吃的午餐，是由东湖宾馆名厨杨纯清做的四菜一汤——清蒸武昌鱼、烧鱼块、回锅肉、炒青菜和榨菜肉丝汤。毛主席喜欢吃武昌鱼，一盘武昌鱼被他吃完了。这道武昌鱼是盖上猪网油、香菇、冬笋、火腿等配料，浇上鸡汤，旺火急蒸而成的。

当天晚上，毛主席回到东湖宾馆，笑容满面地对杨纯清说：“杨师傅，你做的鳊鱼蛮不错的哩。古代文人把鳊鱼叫武昌鱼，这武昌鱼是有典故的：

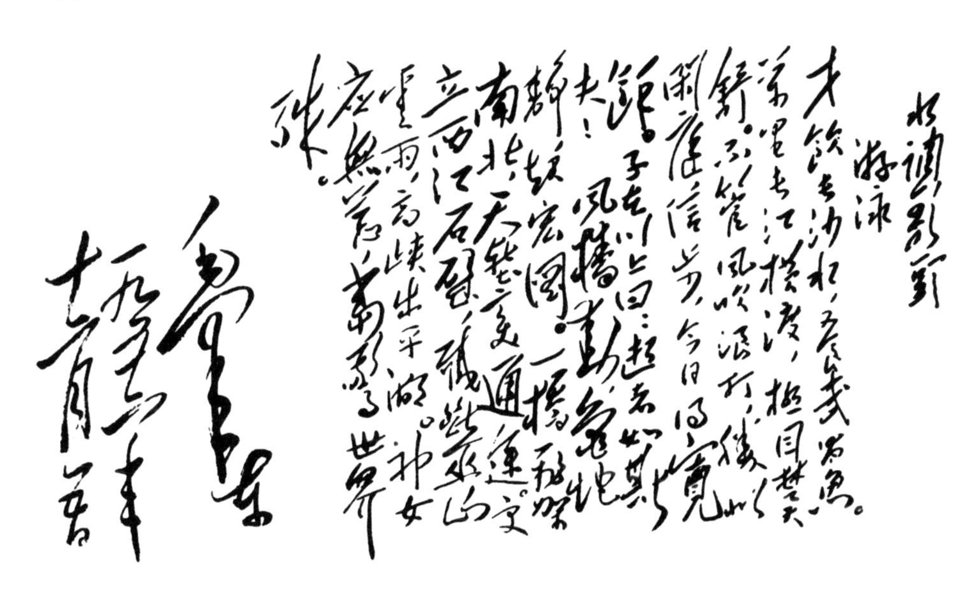

毛主席《水调歌头·游泳》手迹

岑参有‘秋来倍忆武昌鱼，梦著只在巴陵道’，马祖常有‘携幼归来拜丘陇，南游莫恋武昌鱼’，可见武昌鱼历史悠久咧。”说罢，毛主席从口袋里掏出一张纸，又对杨纯清说：“杨师傅，我刚刚填了一首新词送给你，要不要呀？不吃你做的武昌鱼，我是填不出来的。”这就是后来脍炙人口的《水调歌头·游泳》（当时名为《水调歌头·长江》）。

三、大中华酒楼：武昌鱼的美味传奇

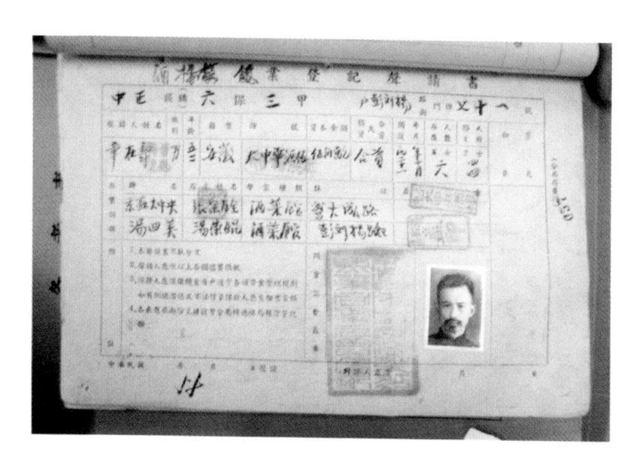

民国时期大中华酒楼登记证

武昌鱼的制作，与大中华酒楼有密切的关系。大中华酒楼创办于 1930 年，初创时以做鱼菜为主，如清蒸鳊鱼、网油松鼠鳜鱼、糖醋鳜鱼、五彩鳜鱼、牡丹鳜鱼、银丝鳜鱼、烧鲭鱼划水、烧肚当、瓦块鱼等。

1956 年 6 月初的一天，大中华酒楼接到一个重要接待任务：有中央领导来此用餐，品尝武昌鱼。于是，经理召开厨师会议进行布置，按照市委有关部门提出的“原料新鲜、烹饪精细、特色浓郁、品种多样”原则，大厨们认真研究武昌鱼宴的菜谱，设计了 10 道鱼菜，即清蒸武昌鱼、杨梅武昌鱼、松鼠鳜鱼、抓黄鱼片、拔丝鱼条、汤粉鱼、如意鱼、荷花鱼和两道徽式传统鱼肴——鲭鱼划水、清炒鳝糊，另加两道蔬菜和一道空心鱼圆汤。鱼宴设计好后，当晚又接到通知，要将菜谱提前报去，说明中央领导不来大中华酒楼用餐了。他们事后才得知接待的是毛主席。

我国鱼类资源丰富，有成百上千种之多，而武昌鱼是毛主席唯一吟咏过的鱼种，可见毛主席对武昌鱼的厚爱。1956 年 12 月的一天，毛主席致信黄炎培，信中录入《水调歌头·长江》。1957年1月，《诗刊》创刊号征得毛主席同意后，发表了这首词，改名为《水调歌头·游泳》，其中有“才饮长沙水，又食武昌鱼”的名句。当时的武汉市财贸办公室主任王健对武汉市饮食公司经理说：“要根据毛主席的诗句搞个‘武昌鱼’。”不久，武汉市财贸办公室组织二商局、水产公司、饮食公司的有关人员，邀集全市著名厨师共同研究“武昌鱼”的烹调方法。考虑到13根半刺的团头鲂（又称樊口鳊鱼）作为湖北特有的代表性鱼种，肉质鲜嫩，形如银盘，而且接待毛主席的鱼宴上有它，于是樊口鳊鱼就与“武昌鱼”挂钩了。1959年，武汉市有关部门召集各大宾馆的名厨，在大中华酒楼召开“武昌鱼”命名大会，并指定大中华酒楼挂牌供应武昌鱼。

由此，大中华以烹制武昌鱼而闻名天下，更加突显了其以烹制武昌鱼为主的淡水鱼类菜肴的经营特色。他们继承传统，不断创新，菜品在原有几十种的基础上发展到五百余种，其中仅武昌鱼就有三十多种，如花酿武昌鱼、杨梅武昌鱼、荷包武昌鱼、梅花武昌鱼、菊花武昌鱼、蝴蝶武昌鱼等，各具特色，色、香、味、形俱佳。与此同时，大中华还获得了一项“特权”：在鲜鱼紧俏的当时，所有供鱼点首先保证大中华的供应。由于武昌鱼的推出和不断创新发展，大中华更是名声大振，许多外地游客慕名而来，以上大中华品尝正宗武昌鱼为快。一些人甚至认为，不食武昌鱼，枉自到武昌。

第三代传承人卢永良在制作红焖武昌鱼

大中华之所以闻名海内外，靠的是拥有一支技术力量雄厚、训练有素的烹饪队伍，该店名师云集，九十余年的苦心经营，培养了一代又一代出类拔萃的厨师，以程明开、邵观茂、黄昌祥、卢永良、余明社等为代表。

四、武昌鱼的制作方法

武昌鱼以其鲜美的口感和独特的制作方法而闻名，常见的制作方法主要有清蒸与红烧，这里作简要介绍：

清蒸武昌鱼

首先准备主辅材料：鲜活梁子湖武昌鱼（团头鲂）1 条（重约 750 克为宜），清鸡汤 100 克，香菇 1 枚，熟火腿 50 克，冬笋片 50 克，食盐 5 克，白胡椒粉 2 克，鸡油 5 克，熟猪油 20 克，姜片 40 克，姜丝 10 克，食醋 20 克，料酒 10 克，整葱 20 克，葱丝 5 克，湿淀粉 10 克。

接着将武昌鱼宰杀并处理干净，剞兰草花刀，入沸水中稍烫，刮去黏液，治净。

然后将香菇、熟火腿、冬笋片剞花刀待用。

最后将武昌鱼放入盘中，把香菇、熟火腿片、冬笋片相间摆在鱼身上，再放熟猪油、整葱，撒上白胡椒粉，上笼宽水旺火蒸约 12 分钟，出笼后去掉整葱，将盘中原汤倒入锅中，加清鸡汤，调味，烧沸勾薄芡，与热鸡油均浇在鱼身上，点缀葱丝，跟姜丝醋碟一同上桌即成。

成品出锅后火足气满，鱼肉洁白如玉，肉质细嫩滑口，清鲜味美，是驰名中外的“楚天第一菜”。

清蒸武昌鱼

红烧武昌鱼

红烧武昌鱼

第一步，准备主辅调料：鲜活武昌鱼1条（750～1000克），食盐5克，味精5克，白糖10克，料酒20克，生抽20克，老抽5克，葱花90克，红椒50克，葱结30克，姜末10克，陈醋30克，胡椒粉1克，熟猪油20克，高汤500克，水淀粉20克，色拉油适量。

第二步，将武昌鱼宰杀治净，两边剞上十字花刀，用料酒、食盐腌制10分钟待用。

第三步，将锅置火上烧热，倒入色拉油滑锅，倒出热油，加入冷油，将腌制好的武昌鱼入锅煎至两面呈金黄色，出锅待用。

最后，将锅置火上烧热，加入熟猪油、姜末炒香，放入煎好的武昌鱼、葱结、蒜末，倒入料酒、生抽，再加高汤、食盐、味精、白糖、老抽、陈醋，旺火烧开，盖上锅盖，改中小火烧制约8分钟。旺火收汁，待汁收浓后，挑出葱结，撒上葱花、胡椒粉，勾芡，淋入起锅醋，出锅装盘即成。

成品出锅后味道鲜醇，葱味呛喉，酸甜微辣，吃起来有着浓、柔、绵、糯等味觉特征。

五、武昌鱼烹饪艺术的传承与创新

武昌鱼作为湖北省地方风味菜肴，其制作技艺经历了传承与发展的过程。

首先，武昌鱼的制作技艺有着深厚的文化底蕴和久远的历史渊源。自1965年被正式定为“湖北省地方风味菜肴”以来，武昌鱼就成了楚菜的当家美食。传统的武昌鱼制作技艺主要包括蒸、烧、烤等方法，这些方法在保

卢永良、邹志平在外交部推荐武昌鱼

持武昌鱼原汁原味的基础上，展现了其独特的口感和风味。

进入21世纪后，武昌鱼的文化地位得到了进一步提升。2002年，红焖武昌鱼荣获“中国名菜”称号，这是武昌鱼在美食界的一项重要荣誉。2015年，武昌鱼制作技艺更是入选湖北省非物质文化遗产名录，标志着武昌鱼的文化价值得到了更广泛的认可和保护。随着时代的发展和人们口味的变化，武昌鱼的制作技艺也在不断改进和提高。现代的武昌鱼制作技艺已发展出了清蒸、油焖、干烧、豆豉焖、滑溜、酥鳞等多种方法，其中清蒸武昌鱼以其口感滑嫩、清香鲜美而备受推崇。2024年，清蒸武昌鱼被评为“武汉十大名菜”。

在武昌鱼制作技艺的传承方面，卢永良、余明社、邹志平等许多传承人不断进行创新和改进，致力于将这一技艺传承下去。他们通过不断学习和实践，掌握了武昌鱼制作技艺的精髓，尝试用不同的食材和调料，创造出更多口味不同、风味独特的武昌鱼菜品。他们还注重营养搭配，使武昌鱼不仅美味可口，而且营养丰富。同时，一些知名的厨师还通过参加各种比赛和展示活动，将武昌鱼制作技艺推向了更广阔的舞台。

如今，清蒸武昌鱼、红烧武昌鱼不仅是武汉的美味佳肴，更承载了丰富的历史文化，它们见证了中华美食文化的传承与发展，成为中华美食文化宝库中的璀璨明珠。

（撰稿：姚伟钧）

汤鲜藕粉铫子煨
——排骨藕汤

武汉被誉为“百湖之市”，星罗棋布的湖泊碧波荡漾，荷叶田田，月湖、青菱湖等湖泊，还以生长品质上乘的莲藕著称。武汉盛产莲藕，人们也喜欢食用莲藕，把莲藕与排骨放在一起就成了一道江城美味——排骨藕汤。

排骨藕汤

一、闻香识汤

初冬时节，北方已是枯树落叶百草折，江城武汉却依然是芳草萋萋绿树碧荫，不过天气已变得寒凉。这时候，大街小巷飘着令人垂涎的鲜香，空气中弥漫着迷人的味道。徜徉在街巷中，香气从居民家中不时飘出，循着味道走去，会看到香气源自一个比锅深的圆圆的大砂锅中。慈祥的婆婆、爹爹（武汉人对老人的尊称）会告诉你这是在煨汤。

外乡的客人初到武汉，对汤可能不会太在意，也不会想到这是一道在武汉家喻户晓的美食，更不会想到它的味道已经渗到武汉人的骨子里。在我国大多数地方，汤只是普普通通的家常饮品，一日三餐中的汤家常平淡，很难与热爱和待客联系起来。但在江城武汉，汤的身份发生了华丽转变，成为家家户户难以割舍的美味。

冬季，武汉地区的湖塘很少结冰，大个的红褐色的藕被挖了出来，送进菜市场时还带着黑黑的淤泥，这样是为了让藕保持粉粉的口感。这个时候，武汉的家家户户就会拿出铫子，准备蜂窝煤炉子，开启煨汤生活。要问武汉人多么爱喝汤，武汉妇孺皆知的民间谚语“三天不喝汤，心里躁得慌”，能让问的人明明白白。武汉虽然地处南方，但冬季气温仍然较低，加上百湖之市水汽盛，十分湿冷。这时候，喝碗热腾腾的排骨藕汤，就会排出体内的湿寒气，浑身变得暖乎乎的，舒服很多。

二、武汉汤香数千年

我国的汤食历史十分悠久，可追溯至蛮荒的远古时代。传说尧帝时期，洪水泛滥，波浪滔天，人们时常面临洪水的威胁。尧帝经常视察灾情，长年累月，积劳成疾，最后一病不起。众人十分担心和着急，但苦于没有办法让他好起来。在这危急关头，身边的彭铿立刻跑到深山里打了几只野鸡，为尧帝煮了一道鸡汤，尧帝喝了之后第二天就痊愈了。尧帝十分赞赏彭铿做的鸡汤，因为汤中各种味道十分和谐，喝下去舒心爽口。这个传说影响很大，伟大的诗人屈原的《天问》中就有“彭铿斟雉，帝何飨？受寿永多，夫何久长？”之问。彭祖的鸡汤不仅美味，而且治好了尧帝的疾病，反映了早在史前时期，

放鹰台遗址

先民们就学会了制作汤以养生健体。

排骨藕汤的主料是猪骨头和莲藕。猪是由野猪驯化而来的，也是我国较早驯养的家畜之一。1956 年，在美丽的东湖之滨发现了一处史前遗址，这是一处高高的台地，传说诗人李白曾在这里放飞雄鹰，故得名“放鹰台”。根据考古发掘的石器和陶器，断定该遗址属于屈家岭文化早期，距今 5000—6000 年。屈家岭文化时期，家猪已经比较常见。那个时候，猪骨十分贵重，成为身份的象征，常常用作陪葬。放鹰台遗址出土了样式精美、类型多样的陶鼎和陶罐，两种器具都可用来煮汤。据此可知，早在五六千年前，生活在武汉的人们就有可能会制作排骨汤了。

早在商周时期，莲藕就被人们吟咏和采集，《诗经》中就有“彼泽之陂，有蒲与荷”“山有扶苏，隰有荷华”“山有榛，隰有苓（苓即莲）”等相关记载。在春秋战国时期的楚国，莲藕就成为人们的盘中餐，还是楚王等诸侯的金玉美食。考古工作者在楚地的陵墓中发现了藕，楚王和曾侯墓中均出土了带有猪骨的鼎，那么楚国王侯有可能食用猪骨、莲藕一起煮的汤。

三、铫子煨来汤自美

煨汤是江西、湖北一带较早出现的烹饪技艺。有人认为，煨汤是由江西传入湖北的，背景是明初洪武大移民。元末，湖北一带战争频繁，战事惨烈，

煨汤铫子

可谓“白骨露于野，千里无鸡鸣”。为了发展社会生产，明初开始了大规模的“江西填湖广”移民活动，在官府的组织下，大批人拖家带口从江西迁入湖北。《中国移民史·第五卷》载，明初洪武年间，湖北近174万总人口中，土著人口占43%，移民人口占57%。根据各府的移民原籍统计，湖北的98万移民人口中，江西籍移民约有69万，占70%。从地方居民饮食口味喜好方面看，来自江西的大量移民，把在老家制作汤的技艺、器具等带入湖北，并结合新的生活环境，融入当地饮食习惯。所以，江西用瓦罐煨汤，武汉用铫子煨汤。

铫子不同于瓦罐，煨出的汤更受武汉人的喜爱。铫子又叫砂铫子，常被写成砂吊子。这种砂铫子不同于煎熬中药的铫子，它形体较大，口圆腹深，底部内收，形成尖底。铫子用陶土烧制再经翻砂而成。民国时期，在武汉售卖砂铫子的多为萍乡、浏阳和醴陵一带的商贩。他们卖的铫子翻的是钢砂，可见这种砂铫子产生于钢铁厂建立以后。汉冶萍公司，是晚清时期的官办钢铁联合企业，其所产的钢砂为制造这种铫子提供了原料。

砂铫子如同紫砂茶壶一般，有许多细小孔泡。武汉的老人常常告诫晚辈，砂铫子煨过汤，不需要用力擦洗，更不能用有气味的清洁剂清洗，用温水轻轻洗掉浮油即可。日积月累，砂铫子外面和口沿都积满油渍。砂铫子最大的特点就是内部窟窿眼儿多，可以吸收脂肪。好多老武汉家里的陈年老铫子又黑又油，铫子里面煨汤，铫子下面滴油。看似不卫生的老铫子可是个宝，一锅清水都能煮出排骨汤的味道来。铫子越老，煨出的汤味道越是正宗，浓稠却不油腻。

砂铫子买回来可不能直接煨汤，而要先熬上一锅米汤把窟窿糊上，然后再用带肥肉的猪皮擦，经过这两道工序才能“开张”。在武汉人家中，铫子是重点保护对象，特别是一只老铫子，更是弥足珍贵。搬家时什么旧东西都舍得甩，就是一只油腻的老铫子舍不得丢。

传统的柴火炉灶和蜂窝煤炉退出厨房之后，砂铫子也淡出了武汉人的饮食生活。尽管人们知道，用电饭煲等煨出的汤口感不能与用铫子煨出的汤相提并论，但由于生活方式的改变，很少有人再用铫子煨汤，铫子也不再大规模生产销售。

四、煨汤原料精心选

排骨藕汤的主要原料是莲藕和猪排骨，虽然是一道家常汤，但来不得丝毫马虎。武汉的排骨藕汤，选用冬季出产的红花藕，以七孔藕为上选。七孔藕的淀粉含量较高，水分少，糯而不脆，适合煨汤，以汉阳月湖出产的红花藕最佳。“洪山的菜薹，汉口的酒；黄州的萝卜，月湖的藕”，月湖由于水

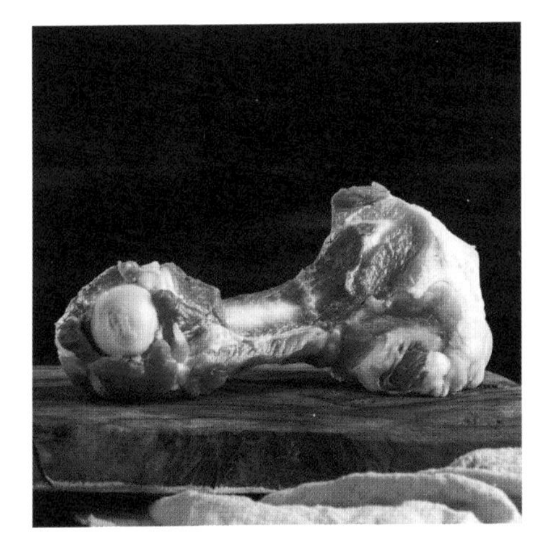

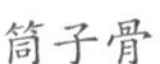
筒子骨

煨汤的藕

质好、湖底淤泥肥沃等原因，所产的藕淀粉含量高，曾与被誉为“金殿玉菜”的洪山紫菜薹齐名。20 世纪 80 年代初，月湖藕还通过“三趟快车”被运到香港。继月湖藕之后，洪山区青菱湖的藕成为首选。今天，人们选用的多是蔡甸藕。

煨汤一般由时间宽裕、细心又有耐心的老人操作，他们会一大早去菜市场买上好新鲜的猪骨头。卖肉的一般会问一句是烧着吃、炖着吃还是煨汤吃，烧着吃要买脆嫩一点的骨头，炖着吃要买稍硬一点的骨头，如果是煨汤，则要买大个的筒子骨或龙骨。大多数地方的人买猪骨头都想要带肉多的，而武汉人煨汤的猪骨头，要的是骨头大肉少的，因而有了“武汉人买排骨，要骨不要肉”的说法。看似不太精明，其实“贼得很”（武汉话，非常精明的意思），大骨头煨汤更美味，更有营养，这是多少辈人煨汤经验的总结。

五、一碗满载情感的汤

“无汤不成席”，排骨藕汤是待客的上品，成为情感的无声表达。家里来了客人，邻里看看有没有煨汤，就知道主客间关系是否亲近。客人上座，主人盛上一碗排骨藕汤递给客人，是对客人的盛情款待，客人也会赶紧起身双手接过连声道谢，彼此的关系就更为亲密。武汉人豪爽，说话大嗓门，男人在大街上遇到铁哥们，就会大声吆喝“伙计，走，到我屋里喝汤去”，表明关系铁得很。武汉有句俗语，“毛脚女婿上门，丈母娘煨汤”，女方母亲如果端上一碗煨汤，那就表明同意这门亲事，反之则表明委婉回绝，不伤人的面子。

“远亲不如近邻，近邻不如对门”，武汉人看重邻里关系。街坊邻里住在一起，难免磕磕绊绊。“楼下的烟子楼上的水”，低层的人家煮饭生炉子，烟会向上冒；高层的人家在阳台上晾晒衣物，没拧干的水会往下滴。会处事的人家，相互间适时送上一碗排骨藕汤，一来二去就活络了关系、化解了矛盾，形成“楼上水，楼下烟，一碗汤，笑容添”的生活智慧。

排骨藕汤在煨的过程中飘出香气，所以有了“一家煨汤十家香”“吃肉不如喝汤，喝汤不如闻香”的说法。只要闻到香味，邻里就能找到谁家在煨汤，跑过来串门唠唠家常，有说有笑。汤煨好了，主人家会招呼大家一起喝汤，邻里关系也因此和睦融洽。

煨排骨藕汤需要生活阅历，一般由家中长者来掌勺，奶奶或家家（武汉话中的外婆）煨的汤，成为武汉人刻骨铭心的童年记忆。“摇啊摇，摇到外婆桥，外婆夸我好宝宝，请我吃块大年糕”——听到这首广泛流传的童谣，人们都会想起慈祥的外婆和外婆家门前的小桥。武汉人在想念外婆时，一定会想起外婆煨的排骨藕汤。2020 年，武汉民谣歌手冯翔的一曲《汉阳门花园》开始走红，也让全国听众体会了武汉人的乡愁：“十年冇回家，天天都想家家，家家也每天在等到我，哪一天能回家。铫子煨的藕汤，总是留到我一大碗，吃了饭就在花园里头，等她的外孙伢。”

一碗排骨藕汤，已成为武汉人挥之不去、难以割舍的情感。砂铫子煨汤的情景，成为武汉人幸福生活的表征，粉粉的藕一口咬下去软烂鲜香，再喝口浓郁鲜香的汤，那是难以用笔墨形容的生活滋味，只能细细地品味和回味。这时耳边仿佛响起熟悉的歌谣：“排骨藕汤的那个滋味啊，想起来眼里噙着泪花，家里的光景在眼前啊，还有等我喝汤的老妈妈……”

（撰稿：李明晨）

食韵江城，辣风辣味
——辣得跳

江城武汉作为火炉城市，因夏季的炎炎烈日，在互联网上频频“出圈”。武汉人的性格，如同武汉的夏天一般火辣。同样火辣的还有江城的这道名菜：辣得跳。顾名思义，品尝这道菜会让人辣得跳起来。

辣得跳

一、“十大名菜”之一：名满江城辣得跳

2024年，在武汉“十大名菜”的评选活动中，“辣得跳”作为“辣味担当”，

名列“十大名菜”。

在武汉知名的餐馆——湖锦酒楼，经年不衰的一道招牌菜就是辣得跳，其以“辣不薄而香辣，辣不燥而醇香，辣不淡而鲜醇”的特征，深受广大消费者喜爱，已成为湖锦菜谱结构乃至武汉都市菜系里的一道代表菜肴。在湖锦的各门店中，每年要销售牛蛙1000万只，辣得跳真可谓武汉标志性菜品。大凡能吃辣的人，只要进了湖锦大门，少有不点辣得跳的。尽管有些食客不胜其辣，但着实想体验一下“辣得跳起来”到底是个什么滋味，便横下一条心，点上一盘辣得跳，吃上一块浸透了辣味的牛蛙。牛蛙腿肉被红辣椒油浸泡成一团一团的，伸箸一尝，那个辣劲，不夸张地说，硬是要让人跳起来的。于是有“好吃佬”在吃遍武汉辣菜以后，给出了这样的评价：湖锦的辣得跳是“全武汉最辣的菜”。

二、外柔内刚：辣味传奇，味蕾巅峰

辣得跳不见辣椒，往往让不知情的食客领受“惨痛”教训，其秘诀在于这道菜需要的卤水，由辣度很高的印度魔鬼椒、辣椒王和十几味香料慢熬成，还要静置两三个小时，让香辣味充分融合。湖锦辣得跳选用的辣椒，是辣度现居世界前列、产于澳大利亚的“特立尼达毒蝎布奇椒”，其辣度系数为140多万史高维尔。而我们熟悉的小米椒，辣度系数仅为3万到4.5万史高维尔。在卤制过程中，每20升卤水仅添加10克澳大利亚特立尼达毒蝎布奇椒，使辣度保持在5万到8万史高维尔，口感相当于生吃2到3个小米椒。

湖锦辣得跳“味辣鲜香而口味浓郁，酱香醇厚又回香甘甜，味醇绵长又弹而耐嚼”，将辣香沉重与鲜香简约融为一体，构成了辣得跳的复杂口感，让食客心底产生一种对辣得跳的偏爱。

三、楚风鄂味：鲜香满溢，回味无穷

辣得跳若是只有辣味，必然难以“抓”住吃货的胃。除辣以外，它还保留了楚地菜品鲜香的主要特征。辣得跳的鲜味主要来源于汤底、主料、特殊香料等方面；香味则主要来源于汤底的香辣、牛蛙腿的肉香以及香料的香三大类。

辣得跳的主要食材

卤水所用的高汤，是辣得跳鲜味的主要来源。在熬制高汤时使用的鲜筒子骨、猪皮、猪蹄、脊骨等食材富含胶原蛋白，水解出有“强力味精”之称的肌苷酸二钠盐。鸡骨架、鸡爪一类食材富含蛋白质，高温烹调时水解出谷氨酸。谷氨酸与肌苷酸二钠盐间的协同作用，形成了更强的鲜味。

湖锦的每一份辣得跳使用的牛蛙都要求现杀，最大程度保证肉质的鲜嫩。

在卤水的加工过程中，会用到一些特殊香料，如鲜香茅草、鲜南姜及大蒜。鲜香茅草除了能提供特殊的香味外，在加热后还会形成特殊的鲜味。再如大蒜，除了有杀菌消毒、掩盖异味的功效，其中的有机硫化物在加热后，会生成类似味精的鲜味物质。

调味料主要指味精、生抽等鲜味调料。若大量使用味精，会使消费者食用后产生口干舌燥的负面反应，这就需要对盐、汤底、味精的比例做反复的测试，以达到最佳的口感。

辣香不仅仅来源于辣椒炒制后的香味，还包含其他香料炒熟后的香味，如花椒、荜拨的椒辣香，山奈、南姜的姜辣香。在选用辣椒、胡椒等时，让不同的品种对应不同的口味特征，如辣椒王主辣、二荆条主香、子弹头椒主红，不同品种辣椒的搭配使用，可以兼顾菜肴的辣、香、色。再如花椒中的红花椒主麻、青花椒主香，不同花椒的搭配，既可以缓和花椒的麻度，也可以充分释放花椒的香味。

汤底及牛蛙腿肉的肉香，首先来源于肉类蛋白质与糖类进行“美拉德反应”所产生的香味；其次来源于鸡架、筒子骨等的动物油脂乳化后的鲜香味。

卤制前的牛蛙

经卤制后的辣得跳

香料的使用是菜肴香味物质的主要来源，一部分香料本身就有比较浓郁的香味，它可以掩盖牛蛙肉及猪肉、鸡肉的腥味，且赋予卤水特殊的混合香味，比如山奈、香茅草、豆蔻等。还有一部分香料，可以消除肉类中的腥臭味而呈现香味，比如白豆蔻中的芳樟醇、柠檬烯等物质，草果中的香叶醇，姜类中的姜醇、有机酸等，都能使肉类原料中的醛、酮、含硫化合物等臭味分子发生氧化、缩醛以及酯化反应，同时酯化反应所产生的香气能进一步丰富菜肴的口味。

四、完美相融：菜品与城市性格的默契

辣得跳与武汉人的豪爽性格是不谋而合的，这种辣味实际是武汉城市精神的象征，体现了武汉人对辣味的热爱和对生活品质的追求。四川人爱麻辣，湖南人爱香辣，不是食辣冠军的武汉人却走了极端，做出的辣得跳是纯粹的辣，不仅辣，还让人辣得跳起来。

易中天教授在《读城记》中总结武汉人的特点是“豪爽硬朗”。“豪爽硬朗”的武汉人，与以辣闻名的辣得跳结缘势所必然。辣得跳作为武汉的一道名菜，不仅以其独特的辣味著称，更与武汉的城市精神紧密相连。辣得跳这道武汉特色美食得到了广泛的推广，成为武汉城市形象和旅游吸引力的重要组成部分，这也是这道菜与武汉豪爽的城市性格相交融的完美体现。

（撰稿：江柯）

鱼首沉汤，饭香绕梁
——鱼头泡饭

武汉，这座依水而建的城市，自古以来就与渔业结下了不解之缘。长江与汉水穿城而过，不仅滋养了这片土地，而且为武汉人提供了丰富的水产资源。在历史的长河中，武汉人逐渐发展出独特的淡水鱼烹饪技艺，而鱼头泡饭，便是这众多鱼类佳肴中的一颗璀璨明珠。

鱼头泡饭

一、江风渔火中的美味萌芽

武汉鱼头泡饭的雏形，可追溯至明清时期，渔民和沿江居民充分利用渔获，常常将鱼头与米饭一同烹煮，以解饥饿之困。这种原始的烹饪方式，虽简单却充满智慧，既保留了鱼头的鲜美，又赋予米饭独特的风味。随着时间推移，鱼头泡饭逐渐在民间流传开来，并经一代又一代人的改良和创新，最终形成了今天的独特美食。

武汉鱼头泡饭，源自楚菜殿堂级大师黄昌祥（已逝）之匠心独运，他让鱼头泡饭自渔舟跃至寻常百姓餐桌上，成为一段佳话。20 世纪 60 年代，黄昌祥于大中华酒楼亲授此技，使其制作精髓得以流传至今。岁月悠悠，历经数代烹饪大师的精心雕琢与创意融汇，鱼头泡饭不但承袭了选料之严谨精细，更在技法上日臻完善，形成了一套既保留传统又具创新精神的制作规范。鱼头泡饭不仅鲜美醇厚，更蕴含了丰富的营养与深厚的文化底蕴，成为一道深受民众喜爱、雅俗共赏的佳肴。

鱼头泡饭制作技艺沿用了民间传统烧制技法，以鳙鱼为主要原料，经过选鱼—宰杀解块—炒料—加汤烧制—大火收汁—装锅出场—现蒸米饭 7 道工序，用时 25 分钟（蒸饭与烧鱼同步），烹制出极具湖北特色的美食。其主要特征表现为火候与调料的合理运用、原料营养保留最大化及实惠量足的出场。

鱼头泡饭的味道特点贴合老辈人口味需求，更征服了年轻群体的味蕾，时至今日受众人群还在不断扩大。它在符合百姓消费层次的同时，具备丰富的营养价值，是推动楚菜发展、促进人类饮食文明发展的主要动力之一，也成为实现餐饮业全面复苏的中流砥柱。它背后凝聚的是代代能工巧匠的卓越智慧，所呈现出的创造精神、精益求精的品质追求、用户至上的服务精神，都值得后辈追随。

二、匠心独运的传承与创新

在鱼头泡饭的发展历程中，有三位代表人物功不可没，分别是黄昌祥、卢永良和陈来彬。这三位大师不仅继承了前辈的烹饪技艺，更在传承的基础上进行了大胆的创新，使传统美食焕发出新的生机。

第一代：黄昌祥——技艺初现，奠定基石

黄昌祥作为鱼头泡饭制作技艺的奠基人，以其精湛的烹饪技艺和对淡水鱼烹饪的深刻理解，为这道美食奠定了坚实的基础。他掌勺期间，每天售出上百斤鱼头，练就了娴熟稳定的烧制技法，使得鱼头泡饭在口感、色泽、香气等方面都达到了极高的水平。黄昌祥不仅擅长烹饪，还致力于烹饪技艺的传承，他的教诲和经验为后来的传承人提供了宝贵财富。

第二代：卢永良——火候之韵，技艺升华

卢永良在继承黄昌祥技艺的基础上，进一步提升了鱼头泡饭的烹饪技艺。他提出了“三步用火”的烹饪方法，即旺火烧沸、小火入味、大火收汁，在火候的掌握上更加精准，使得鱼头泡饭口感层次更加丰富。同时，卢永良还注重菜肴调味、色泽、香气等方面的提升，使菜肴在视觉上更加诱人、味

卢永良大师制作的红烧鳙鱼头

陈来彬大师制作的红烧鳙鱼头

觉上更加鲜美。他还将原料由鲢鱼改为鳙鱼，提升了菜品的品质。

第三代：陈来彬——创新引领，品牌塑造

陈来彬不仅继承了前辈的精湛技艺，更在传承的基础上进行了大胆创新。他提出了“现捞现宰现烧”的烹饪理念，最大限度保留了食材原本的鲜味。同时，他还将鱼头泡饭的制作技艺与现代餐饮管理理念相结合，创立了湖北鱼头泡饭酒店管理有限公司，致力于鱼头泡饭的品牌塑造和市场推广。在陈来彬的带领下，鱼头泡饭不仅成为武汉地区的特色美食，还逐渐走向全国，赢得了广大食客的喜爱和赞誉。

三、鱼头泡饭的制作方法

鱼头泡饭汲取民间经典的红烧技法，在创新理念的驱动下，创新烹饪方法。制作工序如下：

①选鱼：优选楚地所产鳙鱼（约 3000 克至 3500 克），鱼体灰黑色，鱼肉呈樱红色，则鱼肉内蛋白质、维生素、氨基酸等营养成分含量达到顶峰；

②宰杀解块：整鱼放血，除去鳃、鳞、内脏，治净后将鱼头一剖为二，以鱼身二分之一处为界线，将前一部分依次切成约长 5 厘米、宽 3 厘米、厚 1 厘米大小的块状备用，鱼块不宜过小；

③炒料：热锅内加入精炼猪板油，放腊猪肉片、姜末、干辣椒段、剁椒翻炒煸香，入鱼块，以老抽、生抽等调味；

④高汤烧制：随后放约 3000 克特制高汤（采用鱼骨、筒骨等多种精选食材提前熬制，当天熬当天用）淹没鱼块，以盐、味精、小米椒、秘制剁椒调味，大火烧开后盖上锅盖焖烧三分钟，而后开盖小火烧 6 分钟；

⑤大火收汁：小火转大火收汁后放入白糖、黑胡椒粉增味，起锅放入陈醋增鲜；

⑥装盘出场：转入特制砂锅（锅底垫青椒片、姜片）上桌，以炉火保温；

⑦精选大米 470 克、矿泉水 600 毫升入特制蒸锅，蒸 30 分钟即可开盖食用（可与烧制鱼头同步蒸制）。

食用方法：1. 先食鱼肉，口感上大鱼鱼肉较小鱼更肥厚，肉质甘甜鲜嫩，无土腥味；2. 再盛一碗热气腾腾的白米饭，浇上鱼头汤汁，汤汁没过米饭最佳，用勺子搅拌均匀，吸溜着吃，米香与肉香交织，鱼汤中蕴含黏嘴的胶质感，令人无限回味。

四、文化、经济与健康的完美融合

鱼头泡饭之所以能够历经数百年而不衰，并在今天依然受人们喜爱，关键在于它所蕴含的独特价值。这种价值不仅体现在文化层面，还体现在经济和社会层面。

鱼头泡饭作为楚菜文化的重要组成部分，承载着丰富的历史记忆和文化情感。它不仅包括武汉人民对美好生活的向往和追求，更是楚菜文化对外展示的一张亮丽名片。通过鱼头泡饭的制作和品尝，人们可以感受楚菜文化的独特魅力和深厚底蕴。同时，鱼头泡饭的传承和发展，也为楚菜文化的传承和弘扬提供了重要的载体和平台。

随着旅游业的发展和人们生活水平的提高，美食旅游已成为一种新兴的旅游方式。鱼头泡饭作为武汉地区的特色美食之一，吸引了大量游客前来品尝。这不仅带动了餐饮业的发展和繁荣，还促进了相关产业链条的延伸和拓展。同时，鱼头泡饭的品牌塑造和市场推广，也为当地经济注入了新的活力，推动了地方经济的持续健康发展。

在当今社会，健康饮食已成为人们关注的焦点。鱼头泡饭以其鲜美的口感和丰富的营养价值，赢得了广大食客的喜爱。它选用新鲜的鳙鱼头作为主料，搭配多种调料和精心熬制的高汤，极富营养价值。《本草求原》记载鳙鱼头能“暖胃，去头眩，益脑髓”，由此可肯定鱼头泡饭的营养价值及医用价值。

（撰稿：姚伟钧）

团团圆圆节节高
——黄陂三鲜

大江大湖大武汉，好山好水好黄陂。武汉市黄陂区不仅山清水秀、环境优美，而且有着悠久的商业文化传统。在这片美丽的山水间，有一道地方菜肴名满武汉，它就是黄陂三鲜。

黄陂三鲜

一、美好的期盼：黄陂三鲜的象征

“湖北名菜有三鲜，三鲜当数黄陂好。”黄陂三鲜的好，首先是名字好，这是一道象征着家庭团圆、生活质量节节高升的地道美味。

黄陂三鲜俗称黄陂三合，在黄陂有“没有三合不成席”的谚语。逢年过节的家宴、结婚祝寿的筵席，黄陂三合都是压轴菜。“合”意味着多种原料集合，“三合”是三种食材一起蒸炖的合称。三合有鱼圆、肉圆、鱼糕和鱼圆、肉圆、肉糕等不同组合，一般采用鱼圆、肉圆、肉糕的组合。鱼圆清香弹牙，肉圆外酥里嫩，肉糕软糯鲜香，共同组成誉满全国的黄陂三鲜。

黄陂三鲜具有吉祥喜庆的寓意，黄陂有一句流行语：“鳊鱼肥美菜薹香，黄陂三合图吉庆。”“鱼”与“余”谐音，蕴含年年有余、生活富裕之意。这里的“有余”，一般指粮食富余。在传统农业社会，粮食是维系一个家庭的命脉，但由于生产水平落后、灾荒和战乱不可避免，普通百姓家粮食并不充裕，纳粮给官府和地主之后，到了年关往往所剩无几，所以渴望粮食“年年有余”。早在战国时期，荀子就在《富国》中提出“年谷复熟，而陈积有余”。另外，“年年有余”也指钱财有余，这样就不至于借债过日子了。黄陂人多田少，更渴望粮食年年有余；同时人们为了生计四出经商，也希望钱财有余。

“圆”字寓意“花好月圆”“团团圆圆”，象征家家户户幸福美满。团圆不止于家庭成员之间，友人、同学、同事、战友、老乡相聚也可视为团圆。黄陂三鲜中圆圆的鱼圆、肉圆，满足了大家盼望团圆的心理需求。

“糕”与“高”谐音，“步步高升”象征生活越来越好，一年更比一年好。黄陂三鲜中的肉糕，一般切成大片立着摆放，不只是为了造型美观，更是为了突出肉糕的“高”，象征节节高升。

将“余”“高”“圆”置于一处，充满了年年有余、阖家团圆、节节高升的吉庆色彩。三菜合炖，鱼有肉味，肉有鱼香，别有风味。春节团圆吃年饭，武汉人的餐桌上总有几道必不可少的菜肴，其中一定不会缺席的就是黄陂三鲜。

黄陂三鲜味道好。鲜是人们对味道的永恒追求，厨师也希望掌握制作鲜美诱人菜肴的高超技艺，“一招鲜，吃遍天”。黄陂三鲜采用新鲜的鱼肉、猪肉制作，鲜味融合在一起，使菜肴更加鲜美。

二、黄陂三鲜的传说

关于黄陂三鲜的产生，流传有两种不同说法，但都出自民间。

一是夫妻店改良菜品的产物。传说数百年前黄陂南门外，有列姓人家经营的小饭馆，由于本小利薄，全靠夫妻二人起早贪黑辛勤劳作来维持。但由于经营品种为单一的肉糕、鱼圆杂烩，客人日渐稀少。一位外来厨师毛遂自荐，将鱼圆、肉圆、肉糕三者装在盘中，摆成红、黄、白三色相间的造型，标上“黄陂三鲜”的名称招徕顾客。由于色香味俱佳，吸引不少顾客品尝，从此饭馆生意一天天兴旺起来，黄陂三鲜也就传遍四乡八里。

二是乡民犒劳起义军的产物。传说明崇祯十五年（1642），闯王李自成率农民起义军由襄阳来到黄陂，经过激烈战斗，攻入黄陂县城，开仓放粮，并将官绅霸占的土地分给贫苦人民。老百姓像过节一样欢庆胜利，纷纷拿出节日佳肴鱼圆、肉圆、肉糕，烩在一起犒劳起义军。一道菜肴，三种鲜味，滋味丰富，起义军非常喜欢。

鱼圆

肉圆

肉糕

三、黄陂三鲜进酒楼

黄陂紧邻汉口，很多黄陂人到汉口打拼。1941 年，黄陂人在汉口打铜街开设“黄陂合记餐馆”，菜品以黄陂三鲜著称。新中国成立后，黄陂合记餐馆更名为“解放食堂”，20 世纪 50 年代为支援武钢建设，迁到青山建设七路，改名为“解放酒楼”。经几代厨师精心研制，黄陂三鲜选料精细、制作考究，如鱼圆选用鳡鱼做蓉，品质进一步提高。

“黄陂名菜有三鲜，三鲜当数罗汉好。”罗汉寺街原名青龙岗，是一个小村庄，坐岗靠河，西边是龙须河，东边是流水堰，岗南有一座罗汉寺庙，香火很旺，青龙岗之名就被罗汉寺取代了。清朝末年，罗汉寺成为市镇，当地望族黄氏家族建了三座茶楼酒肆，分别是宝庆楼、福寿楼和文明楼，生意十分红火。

据说，罗汉寺街的黄陂三鲜，出自当地名厨黄庭祯。黄庭祯从小聪明精干、勤奋好学，16 岁就执掌宝庆楼，后到武汉洋行的船上给船长做菜。船从武汉到南京、上海等地，他因此除了对楚菜有很深的造诣外，对江淮菜肴也有研究，由于厨艺高、见识广，深得船长青睐。后来家里要他回来经营宝庆楼，他结合走南闯北做各种菜肴的经验，制作出黄陂三鲜，广受好评，生意很快红火起来。宝庆楼的黄陂三鲜很快传到黄陂城关，各茶楼酒店都推出了黄陂三鲜。1953 年，黄庭祯入职湖北省第一建筑公司，被评为七级厨师。1958 年，荣获“武汉五一劳动模范奖章”。

四、烧烹入味，勾芡淋油：黄陂三鲜的制作工艺

黄陂三鲜由黄陂传入汉口，又由小饭馆进入酒楼，制作工艺得到不断改进，以解放酒楼的最为有名，2001 年被收录入《中国名菜谱·湖北风味》。

制作黄陂三鲜，首先准备好主料（猪前腿净夹缝肉 150 克，净鳡鱼蓉

125 克）、辅料［豆油皮 1 张，荸荠 50 克，水发黑木耳 25 克，水发玉兰片 25 克，已制好的鱼圆 20 个（漂水），肉圆 12 个，鸡蛋 1 个］、调料（精盐 10 克，胡椒粉 4 克，葱段 3 克，葱姜汁 10 克，上汤 300 克，味精 3 克，湿淀粉 40 克，熟猪油 75 克，酱油 25 克）。

然后把猪前腿夹缝肉切成豌豆大小的肉丁，放入钵内加精盐（3 克）、姜葱汁搅匀待用。

再将净鳡鱼蓉装钵内，加湿淀粉（30 克）、精盐（5 克）、清水（75 克）、味精（2 克）搅拌上劲，再放入拌好的荸荠丁、肉丁，胡椒粉（2 克），混合制成蓉。

再将豆油皮平铺在蒸笼上，把鱼蓉、肉糊倒入摊平，四周抹齐，上笼以旺火蒸半小时，熟后切成 4 块，用洁布搌干水，将鸡蛋黄抹在肉糕上，再复蒸半小时，出笼晾凉，切成 5 厘米长、2 厘米宽的厚片。

最后，炒锅置旺火上，放入熟猪油（40 克）滑好锅，加入上汤烧开，放入肉圆、肉糕烧透后，下鱼圆、味精、胡椒粉、黑木耳、玉兰片稍烹，再加酱油勾薄芡，淋熟猪油，起锅装盘即成。

由此制作工艺可知，黄陂三鲜的选料十分讲究，这是其味道鲜美的主要原因之一。制作肉圆和肉糕的猪肉，选用的是猪前腿的净夹缝肉。夹缝肉又称夹心肉、前夹心，位于猪前腿的上部，半肥半瘦，肉老筋多，吸收水分能力较强，适于做肉馅和肉圆子。这种肉要求猪前腿粗大，只有放养的猪因经常奔跑，前腿才发达。黄陂地处山区，猪在山坡上奔跑，猪前腿的夹缝肉品质更加优良。制作鱼圆和肉糕的鱼蓉，选用肉质细嫩、白润的鳡鱼，吸水性强，有足够的弹性。肉圆并非用肉泥制作，而是肉丁，一是因为猪前腿夹缝肉很难剁成肉泥，二是机器打制的肉泥没有菜刀剁成的肉丁口感好。鱼蓉中加入荸荠、肉丁能使其更容易成形，荸荠脆嫩清甜，肉丁香而有口感。抹上鸡蛋黄的肉糕色泽黄亮诱人，而且象征富贵。

熟猪油滑锅，既能避免烧制过程中食材粘锅，又增加了香味和鲜度。上汤即高汤，是一种提鲜的汤料，加入玉兰片和淋上熟猪油能让菜肴更加鲜美。

鱼圆鲜嫩弹牙，肉圆外酥里嫩，肉糕绵软鲜香，用一锅乳白色高汤烧制，再加入黑木耳或黄芽白，色泽鲜亮，层次丰富，味道异常鲜美。

五、出自黄陂，传播四方

黄陂三鲜成为武汉乃至湖北名菜，与黄陂的物产、饮食习惯和人文环境也密不可分。黄陂处于江汉水域的边缘地带，境内河流、湖泊纵横交织，共有大小河流 51 条，流域面积 3504.3 平方千米。湖泊主要有武湖、童家湖、后湖、西湖、什仔湖等，湖泊总面积 252.64 平方千米。面积广阔、水质优良的河流、湖泊、陂塘、溪流中，生长着丰富的鲢鱼、草鱼、青鱼、鲤鱼、鳡鱼等淡水鱼类，是制作鱼圆、鱼糕的优质原料。黄陂山林资源丰富，林地面积 354 平方千米，占土地总面积的 16%；牧草地面积 68 平方千米，占土地总面积的 3%。这里的猪多为散养，在林中、草地上觅食奔跑，以谷物为主食，体壮膘肥。用其肉制作的肉圆、肉糕，味道更为鲜美。

餐馆中的黄陂三鲜

乡民平时粗茶淡饭，但逢年过节、操办红白喜事就大宴宾客，每桌必有的是鱼圆、肉圆、肉糕。黄陂人聪明好学，吃苦耐劳，敢于闯荡，尤其善于商业经营，形成了“无陂不成镇”的文化现象。千百年来，黄陂人走南闯北，而今，数十万黄陂人说着黄陂话，分布在三十多个国家和地区，创造了许多中国之最和世界之最。黄陂人到了哪里，就把家乡美味黄陂三鲜带到哪里，使黄陂三鲜成了中国名菜。

（撰稿：李明晨）

大盆盛来红宝光
——油焖小龙虾

久居武汉就会发现，有时过了冬天就是夏天，过了夏天就是冬天，几乎没有春秋两季来过渡，武汉人形象地说“脱了袄子换短袖”。每年“五一”至“十一”是武汉最为炎热的时段，这时，武汉的高档餐馆、苍蝇馆子，乃至寻常百姓家，都流行一道菜，那就是油焖小龙虾。

油焖小龙虾

一、油焖小龙虾的来历

小龙虾是外来物种，原产自美洲的密西西比河流域，美国人早在200年前就把它作为食物，有较大的市场需求。1918年，日本从美国引入小龙虾作为饵料来养殖牛蛙，约在1929年把它带到中国，据说是木材商人无意为之。

20世纪60年代，江汉平原开展消灭血吸虫工作。研究发现，血吸虫寄生在钉螺中，而小龙虾以钉螺为食物，于是从天津一带引进小龙虾。小龙虾繁殖很快，在血吸虫消灭后，人们又得设法控制小龙虾的数量。

20世纪90年代初期，江汉平原的人们开始吃小龙虾，起初做成虾球食用，整只烹饪小龙虾始于著名的“五七油焖大虾”。五七油焖大虾的由来有两种说法，一种说法是，潜江市周矶镇五七大道小李子餐馆烹饪的油焖小龙虾吃起来香辣过瘾，吸引仙桃、武汉等地食客前往，每年5—9月生意兴隆，逐渐成为品牌，被传成了“五七油焖大虾”。另一说法是，江汉油田五七钻前的“小李子油焖大虾”开风气之先，后来钻前家属区一带餐馆跟风模仿，由此得名“五七油焖大虾”。武汉将油焖小龙虾引入并加以改进，酒楼餐馆争相打出招牌，火遍大街小巷，朋友相遇都会喊对方去“吃虾子”。

二、红亮，香辣：油焖小龙虾的做法

小龙虾适应性极强，可以在零下14摄氏度的低温环境下正常生长，也可以忍受40摄氏度以上的高温，可以在强碱、低氧的环境里生活。现在，武汉小龙虾已实现科学化养殖，每年5—9月大批量供应，可以放心食用。

小龙虾的制作方法多样，有炒虾球、蒜蓉蒸虾、香辣啤酒小龙虾、醉呛小龙虾、十三香焖小龙虾、糟卤冰镇小龙虾等，最为流行的是油焖小龙虾。油焖小龙虾虽然“出道”时间不长，但它具有原料常见、操作简便、制作时间短等特点，市井排档都做得来，因此流行而成为武汉名菜。

油焖小龙虾制作步骤如下：

首先备料，将八角、桂皮、白芷、花椒、白蔻等香料用白酒浸泡，生姜切大片，大葱切段，蒜瓣去皮。

然后起锅，放入适量食用油，烧热后，下入姜片、葱段和蒜瓣爆炒，待香气浓郁时加入洗净的小龙虾，大火翻炒。当虾子外壳变红时，洒上白酒，接着加入酱料和用白酒泡好的香料，用大火翻炒，直至虾子全都变红，投入所有剩余调料，加入啤酒。大火烧开后，用中火焖，再用小火焖。最后撒上花椒、葱花，淋上香油即可出锅装盘。

油焖小龙虾需要仔细和耐心地进行预处理，以防止出现卫生安全问题。调料的用量可根据口味适当调整。香料使用前最好用白酒浸泡，这样能最大

清蒸小龙虾

蒜蓉蒸虾

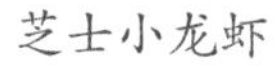

芝士小龙虾

冰镇小龙虾

程度地释放出香料的香气。制作过程中一般不加清水，也不放高汤等汤料，而是加入调好的料汁与啤酒。油焖时间依据小龙虾的新鲜程度而定，一般而言越新鲜的小龙虾需要的时间越少。油焖的关键是焖，所以锅盖盖得越紧越好。之所以叫“油焖”，是因为制作过程中要放入足够的油，这样不只是香气浓郁，还能让出锅的小龙虾油光红亮。

油焖小龙虾出锅后，色泽红亮鲜丽，香味扑鼻，大盆上桌，豪放大气，适合大排档和夜市经营，满足了市民消夜时希望无拘无束的需求。油焖小龙虾营养价值丰富，有研究证实，小龙虾蛋白质含量为16% ~ 20%，高于一般鱼类，也超过了鸡蛋。虾肉中锌、碘、硒等微量元素的含量也高于其他食品，且其肉质细嫩，易于消化与吸收。

三、盆装手撕乐开怀

当夏季的夜晚酷热散去，武汉大街上霓虹灯闪烁，一家挨一家的大排档依次摆开圆桌，人声鼎沸，香气弥漫。人们围坐一起喝啤酒，挥汗品尝油焖小龙虾。在大口喝酒和手撕小龙虾的豪放中，朋友之间能彼此加强了解，获得友情慰藉。在这个意义上，油焖小龙虾代表了地方饮食时尚，呈现的是一种流行饮食观念，展现了武汉人热情豪放的性格。

（撰稿：李明晨）

无圆不成席
——武汉的圆子

圆子是武汉人对圆形食物的叫法，用猪肉做的叫肉圆子，用鱼肉做的叫鱼圆子（氽熟的又称鱼氽），用莲藕做的叫藕圆子，用豆腐做的叫豆腐圆子，用萝卜做的叫萝卜圆子，此外还有香菜圆子、白圆子、珍珠圆子等。圆子有油炸的，也有蒸熟的，这是武汉文化兼收南北在饮食上的体现。

武汉人钟情圆子，喜欢吃圆子，过年过节或请客待客，圆子是必不可少的，慢慢形成了一种饮食习俗——“无圆不成席”。

一、形状奇特的珍珠圆子

珍珠圆子是江汉平原饮食中的明珠，也是蒸菜中的代表菜。鸦片战争后，大量的沔阳人来汉口谋生，有些人开餐馆售卖蒸菜，珍珠圆子成为受欢迎的蒸菜之一。

蒸制的圆子有豆腐圆子、珍珠圆子等，豆腐圆子比较家常，而珍珠圆子制作起来则相对复杂。

首先将猪瘦肉剁成蓉，猪肥肉切成黄豆大小的颗粒。荸荠削皮，切成黄豆大小的丁。糯米淘洗干净，用温水浸泡 2 小时后捞出沥干。猪肉蓉入钵加味精、精盐、葱花、姜末、绍酒、胡椒粉，分三次加入 300 克清水，搅拌上劲，再加入肥肉丁和荸荠丁拌均匀，然后挤成直径 1.6 厘米左右的肉圆，放入装有糯米的筛内滚动，裹上糯米，再逐个地捡放在蒸笼内排放整齐，在锅中旺火蒸 15 分钟，取出装盘即成。

珍珠圆子

珍珠圆子的做法，体现了武汉饮食讲究软糯爽脆的特征。只用瘦肉，做出的圆子口感容易结（发硬），所以要加入肥肉丁。大火蒸制过程中，肥肉丁的油融入肉蓉中，珍珠圆子就会软糯滑口。加入荸荠丁，圆子吃起来就有脆脆的口感。

裹糯米时，动作要轻柔，以使蒸出的“珍珠”显得美观。餐馆的制作比较复杂，糯米要插入肉圆，均匀布满圆子表面；用小格子（小竹笼）蒸熟，既有看相，也有口感。

珍珠圆子，象征团圆，也表明团圆像珍珠一样珍贵。

二、晶莹剔透的鱼圆

武汉人喜食鱼圆，不是空口无凭的臆测，而是有文献记载的。清代道光年间的《汉口竹枝词》，生动描述了制作空心鱼圆的场景：“鲜鳞如玉刮刀椹，

清汤鱼圆

汁和葱姜得味深。要向宾筵夸手段，鱼餐做出是空心。”诗中的“鱼餐”即“鱼圆”，又称“鱼汆”。鱼圆必须选用鲜活的鱼，鱼肉鲜嫩，吃水性好，容易起劲，吃起来弹牙。鱼肉的白度与鱼的品种和鲜活度有关，有经验的武汉人做鱼圆，多选用活草鱼，最佳是鳡鱼，用刀把鱼肉刮下来，在砧板上剁成鱼蓉。剁鱼蓉不是用刀刃，而是用刀背，熟练的厨师双手各拿一把刀，“左右开弓”，如同杜甫笔下的“饔子左右挥双刀，脍飞金盘白雪高”。鱼蓉制作好后，放入大钵中，加入盐、葱姜汁，入味杀腥。然后用手沿着一个方向抓拌摔打，直到上劲，这样鱼圆容易浮在水面且口感回弹。当时汉口的餐馆酒楼，就能制作令宾客拍案叫奇的空心鱼圆，其做法是鱼圆内包上猪油，汆熟后猪油融化，鱼圆内部成为空心，这样增加了鱼圆滑嫩的口感。晚清时期，汉口的餐馆酒楼随时可以制作鱼圆，但普通人家只有过年的时候才能吃上。

鱼圆看似平常，其实非常考验厨师功底，既要有经验，会选择原料，还要细致耐心地刮鱼肉剁鱼蓉，更需要心灵手巧地挤出大小一致的鱼圆。刮鱼蓉后剩下的鱼骨斩成段，熬成洁白的鱼汤，用漏勺将鱼汤沥在锅中，烧沸下入鱼圆汆熟，三分之一在汤中，三分之二浮在表面。连汤一起盛入白色的瓷碗中，点缀枸杞更引人注目。

据制作经验丰富的师傅说，好的鱼圆洁白而晶莹剔透，软糯弹牙，甚至可以用鱼丸掉在桌子上能否回弹来考核厨师的制作技艺水平。中国台湾美食家唐鲁孙在《中国吃的故事》中介绍了武汉鱼圆的特色及制法："古来武昌鱼丸人称一绝，与台湾鱼丸不同，台湾鱼丸讲究脆，武昌鱼丸则讲究嫩。武昌鱼丸以长江的白鱼为原料，将新鲜的白鱼料理干净后，用调羹细细刮取鱼浆，置于容器中不停搅动，再加姜汁、太白粉搅匀后用手搓成丸子，放进滚热的水中一烫即可捞起，据熟谙此道的当地人表示，上好的武昌鱼丸一置入汤中即刻浮起，如果丸子下水沉底，足见搅打功夫不够，自然无法成为上品了；吃这种丸子须以调羹逐个舀着吃最为鲜腴，细嫩的丸子是经不起筷子夹的。"唐鲁孙沿用北方的称呼把鱼圆叫作鱼丸，他笔下的武昌鱼丸就是武汉鱼圆。

三、色泽黄亮的黄焖圆子

武汉人在年节将至时，家家户户自制或购买圆子。进了腊月门，街头巷尾就有很多做圆子的摊位，支上大锅炸圆子，男女老少围在一起，成为江城腊月的一道独特风景。

黄焖圆子，顾名思义是黄色的圆子焖着吃。汉阳升官渡的黄焖圆子非常知名，每到年关就排起长队，武昌、汉口的人也纷纷慕名而来。

黄焖圆子

据传，升官渡黄焖圆子最早产生于清道光年间，蔡甸大集场有一吴姓举人进京赶考。当他走到汉阳城西一个渡口时，发现没有摆渡船，饥肠辘辘又担心耽误进京考试，不由万分焦急。恰在此时，一位渔翁在此收网，主动划船送吴举人过江。船行江中，随着江风飘来了阵阵鱼肉香，吴举人更是饥饿难耐。善良的渔翁见此，让吴举人吃了一碗自家的饭食。吴举人吃后赞不绝口，便问是什么食物，为何如此鲜美。渔翁回答，这是本地渔民的饭食，大家以捕鱼为生，将捕捉的鱼剔下鱼肉，和猪肉一起剁成肉糜，捏成圆子。这种圆子，可清蒸，可水煮，最好是烧焖。因渔民生活在江上，为方便食用，通常焖着吃，故名“黄焖圆子”。到对岸后，吴举人要付酬金，渔翁不收。他告诉吴举人：“这里虽是南来北往要道，但战乱不断，没人敢在此摆渡。如果你能金榜高中，在此架一座木桥，百姓定会感恩于你。”吴举人进京后果然金榜题名，被钦点为进士，几经升迁后官至汉阳知府。他没有忘记渔翁的话，更难忘记渔民所赐黄焖圆子的美味，便出资在此架了一座木桥，百姓十分欢喜，称此地为“升官渡”，黄焖圆子也改名为“升官渡黄焖圆子”。

制作黄焖圆子颇有讲究，原料要用去皮的五花肉（瘦多肥少）。不能用肥肉，否则太腻口，也没嚼劲；也不能用瘦肉，瘦肉有嚼劲，但容易柴，也不那么香。鱼选择出肉率高的草鱼，也可用胖头鱼。猪肉、鱼肉剁成蓉，按一定比例搅拌在一起，再加入生粉、盐、胡椒粉、姜末等。用手挤出大圆子，下入滚开的油锅中，用铲子抄底翻动，防止鱼圆黏在一起或沉入锅底。圆子不能炸透，一般七成熟即可，容易存放。如果比例不对或搅拌不到位，圆子在炸制过程中或不上浮，或易破裂。

四、香甜软糯的藕圆

武汉生产优质莲藕，其中红花藕颜色发红，淀粉含量高，粗大且粉糯，除了用来煨汤，还可用来炸藕圆子。

藕圆是武汉的传统小吃，至迟产生于清代中期。叶调元《汉口竹枝词》中就有关于藕圆的记载：“吃新食品较常添，荤素相参价不廉。麻雀头酥鹅颈软，豆黄饼脆藕圆甜。”从记载来看，那时的藕圆与现今并不相同。一是食用时间不同，那时是在“吃新”时食用。“吃新”是一种传统活动，一般在小暑后的第一个卯日（阳历七月间）进行，各家根据自己的经济情况，添置一些好的食品，以喜迎新藕登场。这时候，莲藕刚刚收获，遂以藕圆的形式来食用。二是制作方法不同，那时是把莲藕用石磨磨碎或陶钵擦碎，后者擦出的藕泥比前者磨的更细腻，所以流传下来。街头小贩边炸边卖，人们尤其孩子喜欢买上一盘，蘸着调料边吃边看制作过程，别有一番风味。

软炸藕圆子

普通人家也会炸制藕圆，但制作方法稍有不同，一般选用较便宜的藕梢子，洗净去皮，用一种特制的陶钵（其内壁有一圈圈棱密密排列），擦出藕蓉。将藕蓉放入纱布中挤出藕汁，然后将藕汁放锅中用小火熬成白色黏稠的藕浆，再将剩下的藕渣放入藕浆中拌匀晾凉，用手团成圆形下锅炸熟。有的人为了增加口味，还会加入红糖或姜粒。把本要扔掉的藕梢子变成了美味的藕圆子，展现了武汉人“变废为宝”的生活智慧。

五、远近闻名的蔡甸“三圆”

在老汉阳县（今蔡甸区）流行三种圆子，俗称“蔡甸三圆”，分别是“海圆”“蒸圆”“鱼圆”。

海圆俗称生炸圆子，取肥瘦兼有的猪肉剁成肉末，加入适量鱼红（净鱼肉），再加鸡蛋和少许精盐、味精、胡椒、生粉、葱末、姜末等，用手尽力

橘瓣鱼汆

搅拌，直到肉末起芡、发黏、上劲。油烧至七八成热时，将圆子炸成黄色，起锅装碗，另加猪油、蒜白、胡萝卜片、酱油，上笼用旺火蒸，等圆子松软时取出翻扣入盘，勾芡即成。用这种方法制成的圆子外表光润，柔软鲜美，味道香浓，特别可口。

蒸圆又称鸡蛋包，原料与海圆相同，只是加入较多的肥肉丁，蒸而不炸，勾芡即成。吃起来鲜嫩细腻，味道甚佳，另有一番风味。

鱼圆亦称鱼汆，原料以白鱼为佳，剁成肉泥后加入猪油、蛋白和味精、白胡椒、姜末等，用手搅拌到上劲为止。水烧至五六十摄氏度时鱼圆入锅，用文火慢慢煮熟。鱼圆如雪如玉，外表光滑，咬开后呈细匀蜂窝状，有如海绵，鲜嫩爽口，入口即化。

六、无圆不成席，有圆才圆满

武汉的萝卜圆子、豆腐圆子和香菜圆子做起来就比较简单，一般都是普通百姓自家制作。把萝卜、豆腐或香菜剁碎，放入面粉中搅拌均匀，加入盐、五香粉等调味，就可以炸了。

过去，富有人家做鱼圆子、肉圆子，贫苦人家就制作萝卜圆子、豆腐圆子。现在生活好了，人们大鱼大肉吃腻了，为调节口味，荤素搭配，也买一些豆腐圆子、萝卜圆子尝鲜。

过去，无论哪种圆子，武汉人一般用来过年过节时招待客人。圆子寓意团团圆圆、圆圆满满。一家人团聚时吃的圆子象征家庭和睦团圆，待客的圆

萝卜圆子

香菜圆子

子则祝福客人生活圆满。在武汉，无论是市区还是城郊，无论是酒楼餐厅还是百姓人家，依然延续着逢年过节、招待宾客烹制圆子的习俗，因为“无圆不成席”已深入人心，再好的宴席，少了圆子就不圆满了。

（撰稿：李明晨）

美味之首
——红烧甲鱼

红烧甲鱼，被誉为“天南地北八大碗之首”，甲鱼肉质细嫩，滋味鲜美，富含营养，是食补佳品。自西周起，华夏儿女便踏上了探寻甲鱼美味的奇妙旅程。这一悠久的饮食风尚，在荆楚大地尤为繁盛，是湖北饮食文化中的美食典范。

红烧甲鱼

一、红烧甲鱼的起源

有一段关于甲鱼的佳话，更添其传奇韵味。春秋时期，郑灵公登基之初，楚庄王以珍稀甲鱼相赠，以示两国情谊。某日，公子宋与公子家步入宫门，公子宋忽觉食指跃跃欲试，笑谓公子家："今日宫中必有珍馐以待。"及至，果见郑灵公正筹备甲鱼盛宴，二人相视而笑，心有灵犀。然此举却触怒了郑灵公，以为公子宋对御膳心生觊觎，乃大不敬也，遂于宴上故意冷落之。公子宋怒而染指于鼎，轻蘸甲鱼汤尝之，愤然离去，终引发政变，郑灵公不幸陨落。此"染指于鼎"之典故，不仅见证了甲鱼之诱人，更蕴含了深厚的历史与文化意涵。

穿越千年，甲鱼不再是宫廷御膳的宠儿，而以独特的风味与极高的营养价值，深深扎根于民间，成为百姓餐桌上的珍馐。

如今，红烧甲鱼在保留传统风味的基础上，巧妙融入现代烹饪理念，追求食材创新，既保留了历史的醇厚，又满足了现代人对美食的多元化追求。餐馆与名厨携手并进，共同致力于这道经典菜肴的传承与发展，使这道菜在现代餐饮的舞台上熠熠生辉，成为连接古今、融汇传统与现代的美食桥梁，深刻展现了湖北饮食文化的博大精深与独特魅力。

二、"老会宾"与甲鱼宴

谈及甲鱼的美味，人们自然会联想到"老会宾"酒楼，这家历史悠久的酒楼，以甲鱼宴闻名遐迩，不仅在武汉三镇享有盛誉，更在全国范围内赢得了极高的口碑，成为食客心中的美食胜地。

老会宾的甲鱼宴成为业界的佼佼者，离不开厨师精湛的烹饪技艺与对食材的极致追求。从清蒸、红烧到煲汤，每一种烹饪方式，都能将甲鱼的鲜美发挥得淋漓尽致，尤其是清蒸甲鱼的鲜嫩口感与原汁原味让人回味无穷。

老会宾最为人称道的，莫过于烹饪泰斗汪建国大师所创的"花篮黄焖甲鱼"。这道菜不仅是一道美味佳肴，更是一件令人赏心悦目的艺术品。汪建国以其深厚的烹饪功底与独特的创意，将甲鱼与多种食材巧妙搭配，烹制出

铜锅红烧甲鱼

了一道色香味俱佳的金牌菜。这道菜不仅在国内烹饪比赛中屡获殊荣，更作为国宴上品款待过众多贵宾，赢得了极高的赞誉。

汪建国的弟子王海东，更将老会宾的甲鱼宴推向了新高度。他在继承师父技艺的基础上不断创新，推出了“鸽蛋裙边”“铜锅甲鱼”“霸王别姬”等一系列创新菜品，不仅保留了甲鱼的鲜美，更融入了新的元素与风味，让人耳目一新。王海东及其团队的努力，不仅为老会宾赢得了诸多荣誉，更为武汉的餐饮文化增添了新的活力。

令人惋惜的是，老会宾酒楼已经停业了。

三、红烧甲鱼的制作方法

烹饪红烧甲鱼的方法很简单，首先准备主辅调料：活大池甲鱼 1 只（约 1750 克），千张 150 克，青椒 2 个，熟猪油 50 克，色拉油 100 克，豆瓣酱 60 克，姜片 20 克，味精 3 克，白糖 5 克，胡椒粉 2 克，陈醋 20 克，料酒 20 克，蒜瓣 10 枚，葱花 3 克，葱结 20 克，高汤 1000 克。接着将活甲鱼宰杀，烫水去黑膜，洗净后剁成3厘米见方的块待用。千张洗净切丝，入沸水锅焯水，放入砂锅中打底待用。甲鱼块入冷水锅焯水，捞出用清水洗去黄油。最后，炒锅置火上，加入色拉油、熟猪油烧热，加入甲鱼块，将水分煸干，放入姜片、蒜瓣、豆瓣酱，炒出香味，烹入料酒，加入高汤及白糖、陈醋、料酒、青椒，大火烧开，改用小火焖约30分钟，旺火收汁，加入味精、胡椒粉，放起锅醋，转入砂锅内即成。

出锅后的红烧甲鱼酱香浓郁，汤汁浓稠，甲鱼肉软糯且有韧劲，鲜香醇正，是荆楚大地代表菜品。

四、红烧甲鱼的价值

红烧甲鱼，其价值远不止于满足人们味蕾的享受，更在于其丰富的营养价值与人文情感价值。

1. 营养价值

甲鱼，被誉为淡水鱼中的珍品，其肉质细腻，口感鲜美，富含优质蛋白质、多种矿物质（如钙、磷、铁、锌、硒）及人体必需的氨基酸。这些营养成分共同作用于人体，不仅能够促进血液循环，益气养血，增强体质，还能有效提升人体免疫力。此外，食用甲鱼还对慢性咳嗽、痰多等症状有辅助治疗效果，其抗炎特性还能帮助缓解关节疼痛，对类风湿关节炎、风湿关节炎等病症具有一定的辅助治疗作用。

2. 美食文化价值

红烧甲鱼作为甲鱼烹饪的经典之作，其制作工艺考究，成品色泽红亮，香气四溢，味道醇厚，是宴席上不可或缺的美味佳肴。甲鱼身上每一处都是宝，尤其是那口感独特的裙边，更被视为珍馐，深受食客喜爱。在武汉的餐馆中，红烧甲鱼与清炖甲鱼、干贝裙边等一同构成了丰富的甲鱼宴，每一道

花胶红烧甲鱼裙边

菜都色香味俱佳，不仅满足了食客对美食的追求，更传承了湖北乡土风味的精髓，成为地方饮食文化的重要代表。

3. 人文情感价值

以红烧甲鱼为代表的湖北本帮菜，不仅是一种食物，更是一种情感的寄托和文化的传承。一百多年的历史沉淀，让红烧甲鱼在武汉乃至全国都享有极高的声誉，成为许多人心中不可磨灭的记忆。在武汉，人们品尝的不仅仅是美食，更是一种情怀，一种对过去岁月的怀念和对家乡味道的眷恋。节日庆典中，亲朋好友相聚于“楚味甲”“状元甲”“元银甲”等餐馆，共享红烧甲鱼，那份浓浓的乡愁和仪式感，让这份美食更加珍贵和令人难忘。

红烧甲鱼不仅是一道营养丰富的佳肴，更是中华美食文化、地方饮食传统以及人文情感的完美融合，其价值不可估量。

（撰稿：姚伟钧）

钟声塔影映紫菘
——腊肉炒洪山菜薹

武汉位于青山绿水间，自古以来就因两种名产闻名遐迩，一种是出自水中的武昌鱼，另一种就是产自洪山的紫菜薹。洪山菜薹因生长地域小、采摘时间短而稀少名贵。以鲜嫩的洪山菜薹与菜薹出产时节制成的腊肉为原料，可制作一道武汉名菜——腊肉炒洪山菜薹。

腊肉炒洪山菜薹

一、正宗菜薹在何方

菜薹古名芸薹菜，又称紫菜、紫菘、菜心等，红色的称红菜薹，绿色的称白菜薹，偏紫色的则叫紫菜薹，洪山菜薹即属于紫菜薹。菜薹一般是秋种冬收，成熟的菜薹黄花灿烂，茎肥叶嫩，素炒的话清甜可口，质脆味醇。

紫菜薹以武昌洪山一带所产最佳，有人称洪山菜薹为“国内绝无仅有的美食名蔬”。还有行家称，洪山宝通寺一带的菜薹味道特别，别处所产均不能与之媲美。“塔影钟声映紫菘”，武汉最正宗的洪山菜薹，必须是产自宝通寺钟声所及之处，即“钟声地”。冬日阳光照射，洪山宝塔投下的阴影所及之处，则称“塔影田”。

清代《武昌县志》载：“（菜薹）距城（武昌城）三十里则变色矣，洵别种也。”洪山菜薹以宝通寺至卓刀泉“九岭十八凹”出产的品质最佳，若迁地种植，不仅颜色不同，口味也有差异。“九岭十八凹”，西起石牌岭，东至卓刀泉古庙对面的庙前山，方圆三十里。科学考察表明，从洪山至卓刀泉的这一片丘陵地带，确存在与众不同的小气候，北有洪山阻隔寒风，南有晒湖，气候温暖潮湿，是洪山菜薹最适宜的生长环境。这一带的土壤是灰潮土，所含微量元素较多。加之过去的洪山一带，树木葱郁，泉眼众多，有泉水浇灌的菜薹更具灵气。此外，千百年来，因长江洪水漫溢，所夹带的泥沙在宝通禅寺一带各处垄地沉积下来，使得土壤十分

宝通寺宝塔下的菜薹田

肥沃。经过历代精心耕作，加之品种优良，最终形成了洪山菜薹独一无二的特质。

正如杨万里咏白鱼的诗句“鱼吃雪花方解肥”，紫菜薹需在过年前20天左右，尤其是天寒下雪的时候才最为鲜嫩。武汉的冬天往往到过年前的一段时间才格外寒冷，有时会下小雪。在隆冬之中万物肃杀的时候，洪山菜薹则正逢其时。正宗的紫菜薹难以购到，宝通寺一带成为人们寻觅菜薹的重点区域。

二、权贵名流的最爱

历史上对洪山菜薹的赞誉很多，达官权贵、文人雅士因洪山菜薹留下了许多趣闻雅事。

相传北宋大文豪苏东坡为吃到洪山菜薹，曾三次到武昌。前两次均因故未得其味，败兴而去。第三次，苏东坡游黄鹤楼后，渴望一尝洪山菜薹，可是时值寒冬，洪山菜薹因冰冻而迟迟未抽薹，他竟特意停留在武昌，直到如愿以偿大饱口福，才心满意足而去。

《汉口竹枝词》中写道：“不须考究食单方，冬月人家食品良。米酒归元消夜好，鳊鱼肥美菜薹香。”菜薹与樊口鳊鱼（武昌鱼）齐名，足见其味之美。清代咸丰年间，江夏籍诗人王景彝的《琳斋诗稿》中用“甘说周原荠，辛传蜀国椒。不图江介产，又有菜薹标。紫干经霜脆，黄花带雪娇。晚菘珍黑白，同是楚中翘”对洪山菜薹的风姿和品格大加赞美。这些文献证实，至晚在清代中后期，洪山菜薹就名闻天下了。

据有关文献记载，洪山菜薹曾被皇家封为“金殿玉菜”，作为楚地特产被列为贡品。传说清代慈禧太后喜爱洪山菜薹，常派人到武昌洪山一带索取。关于洪山菜薹，还有个著名的“刮地皮”典故。据王葆心《续汉口丛谈》记载：“光绪初，合肥李勤恪瀚章督湖广，酷嗜此品（指洪山菜薹），觅种植于乡，则远不及。或曰‘土性有宜’。勤恪乃抉洪山土，船载以归，于是楚人谣曰：‘制军刮湖北地皮去也。’”李瀚章是李鸿章的哥哥，兄弟二人同为清末重臣。李瀚章担任湖广总督期间，食用洪山菜薹，对其念念不忘，奢想年老回乡后也能够吃上这种珍稀的蔬菜，不惜将洪山的土挖走，只是竹篮打水一场空，不仅未如愿以偿，还落得了个“刮地皮”的骂名。

民国初年，湖北都督黎元洪离开武汉到北京当大总统，他宠爱的女子黎本危是土生土长的武汉姑娘，十分爱吃洪山菜薹，黎元洪本人对菜薹也是念念不忘，每逢冬季必派专差到武昌调运洪山菜薹。1949 年元月，国民党政府行政院院长张群飞抵武汉，为蒋介石说情，破坏和平运动，但毫无结果。临走前，他想到洪山菜薹是闻名遐迩的特产，不知此后能否吃到，便对时任湖北省主席张笃伦说：“今晚到洪山去买 300 斤红菜薹，以便明早带回南京去。”事后，有知情者写诗讥讽道：“从此辞却鄂州路，空载洪山菜薹归。”

三、人美菜才美

历史悠久的洪山菜薹，作为一种名贵蔬菜，千百年来深受人们喜爱。关于洪山菜薹的来历，洪山一带流传着这样一个动人的故事。

相传一千七百多年前，洪山脚下居住着几户人家，其中有一对青梅竹马的恋人，小伙子叫田勇，女孩子叫玉叶。一天，田勇和玉叶相邀到洪山游玩，被一个绰号叫“恶太岁”的杨熊撞见。杨熊见玉叶容貌美丽，顿生恶念，乃令打手上前拦抢。玉叶誓死不从，田勇奋力救助，但终因寡不敌众，双双被乱箭射死在洪山之麓，他们的鲜血染红了洪山下的土地。恶人自有恶报，不一会儿，天气突变，狂风大作，乌云密布，电闪雷鸣，杨熊一伙被雷电击毙在半山腰。后来，当地的农民将田勇、玉叶就地掩埋。不料次年秋天，坟堆周围长出了紫红色的菜苗。人们勤浇水，常施肥，紫红色的菜苗渐渐长得肥大，竟抽出肥嫩的菜薹。

洪山紫菜薹

当年适逢灾荒，粮食颗粒无收，人们就以坟堆边的菜薹充饥。菜薹也真神奇，摘了又长，越摘越多，大家就凭菜薹度过了灾荒之年。再后来，没被采摘完的菜薹开花结籽，人们又纷纷采集菜籽种植，最后便把吃不完的菜薹挑到城里去卖。城里人从来没见过这种鲜嫩的紫红菜薹，吃了更觉得甜脆清香，自然赞不绝口。于是，菜薹便在洪山一带成名，年复一年地流传下来。

洪山菜薹品质优良，味道鲜美，至于为什么这样，缺乏科学知识的百姓们是无法解释的。但是人们有一种朴素的心理：这种美味的蔬菜不是凭空产生的，应该与容貌和心地俱美的人相关，于是就产生了这样一个凄美的传说。长相俊美的玉叶不贪图富贵，更不畏惧恶势力，小伙子田勇则心地善良，勇敢无畏。二人不仅容貌美，而且心地善美，于是二人含冤去世后化作美好的洪山菜薹。

四、腊肉炒来品更佳

菜薹入馔，自古方法颇多，一般用炒、烧、扒、烩、酱、腌、拌等烹调法。清代《调鼎集》中就收有菜薹肴馔十余种。武汉当地以炒居多，“洪山菜薹炒腊肉”是古今闻名、别具一格的传统时令佳肴。

地道的洪山菜薹做法就是配上腊肉，制作腊肉炒洪山菜薹。菜薹上市的时候，过年的腊肉也基本上做好，小巷里弄中就飘出腊肉的香气。有些人家把腊肉挂在自家窗户外、阳台上，巷子上方挂满了腊味，成为武汉一道不同寻常的景致。经过腌制和风吹日晒的腊肉，肉质紧实，肥瘦相间，肥的不腻，瘦的不柴，香气浓郁，又有嚼劲。

腊肉炒洪山菜薹的做法，是将洪山菜薹去除老叶，剥去茎部老皮，洗净后掐成约 5 厘米长的段。把腊肉洗净蒸熟后切成薄片。炒锅内加入菜籽油、熟猪油，放入腊肉片，煸炒至金黄色，再放入菜薹，加入食盐，边炒边点水，炒至菜薹九成熟时，出锅装盘。这道菜，菜薹清脆爽口，腊肉香味浓郁。

新鲜的紫菜薹不容易保存，最好当日采摘当日食用。洪山菜薹除了用于炒腊肉之外，还有质朴的食用方法，即清炒。菜薹洗净，用手掰成一段一段的（万万不可用刀切，否则会破坏菜薹的鲜嫩味），热锅凉油，下入菜薹，翻炒几下，放一点盐即可出锅，菜薹吃起来脆嫩鲜甜，清淡爽口。

（撰稿：李明晨）

红润鲜嫩味绵长
——新农牛肉

楚文化的发祥地之一——知音故里汉阳县（今蔡甸区），地处长江、汉江交汇的三角地带。古有俞伯牙弹琴遇钟子期的故事，今有莲藕、藠头、鳙鱼、西瓜等名产，其中新农牛肉更是妇孺皆知。

新农牛肉

一、优质牛肉出新农：新农牛肉的来历

新农牛肉出自蔡甸新农，该地经营卤牛肉的店铺众多，且口感皆不错，食客纷至沓来，因而渐渐声名远扬。就这样，“新农”这个蔡甸本不出名的小地方，因新农牛肉而为人所知。

新农牛肉所用的肉是耕牛的肉。据《汉阳县志》载，蔡甸地区的耕牛有水牛和黄牛两个种类。水牛属江汉湖区水牛，个体高大，皮毛呈青色，力大耐役，平原湖区多养水牛。黄牛个体不一，毛色混杂，体形有差异。

新农牛肉

养牛业在蔡甸畜牧业中占有重要地位，主要饲养的是耕牛（水牛和黄牛），其次是奶牛。1980 年，集体饲养的耕牛存栏 1.85 万头。实行家庭联产承包责任制后，农民生产积极性高涨，耕牛饲养数量快速增长。到 1986 年，耕牛存栏 2.32 万头，比 1980 年增长 25%。1991 年后，因农田耕作机械增加，不少地方出现耕牛过剩的现象，从而使牛由役用向肉用或役肉兼用的方向发展。一些有经营眼光的农民，利用身处湖区，草场资源丰富的优势，扩大养牛规模，以育肥为目的的饲养肉牛现象增多。

新农牛肉就是在这样的背景下产生的。据《蔡甸区志》载，20 世纪 90 年代，饮食业挖掘本地名吃，开发出新农牛肉、牛骨头系列产品，开启创造武汉名菜的发展之路。2021 年，新农牛肉制作技艺入选武汉市非物质文化遗产代表性项目推荐名单。

二、干、香、结、甜：新农牛肉的特质

新农牛肉选用的是当地水牛，经过精心研究与反复实践，形成了以“干、香、结、甜”为主要特色的独特风味。

干：新农牛肉不添加任何保湿剂，采用特有的后熟工艺，水分含量比市

面上各类卤牛肉低，久放不变质，色泽金黄，纹路清晰自然，香味浓郁，口感韧性十足。

香：采用含多种中草药的秘制卤料和传统工艺，熬制近 4 小时而成，拿起一片细闻，没有牛肉本有的腥味，只留淡淡五香味，放入口中慢慢咀嚼，香料的独特风味和牛肉香味相互交融，令人回味无穷。

结：黄牛一般圈养且多用饲料喂养，肉质比较松散，而新农牛肉选用江汉平原放养的水牛，肉质紧实细腻。水牛后腿肉作为五香牛肉的原料，紧实不松散，口感嫩滑有弹性，久嚼不柴不刮喉。

甜：咀嚼牛肉的瞬间，香甜味首先从舌尖缓缓向口腔内部传递，然后是香辛料特有的咸甜味慢慢从肉中散发出来，最后牛肉的回甜绵长，三种甜味层次分明，相互交融，甜而不腻。

三、风靡江城的新农牛肉面

新农牛肉不仅作为卤菜出售，让其遍布武汉三镇的，还有新农牛肉面。说起新农牛肉面，就不得不提起创始人毛小林和他的父亲。

新农牛肉面产生于 1984 年，而毛小林父子开一家牛肉面馆的想法则始于 1980 年。1980 年，毛小林的父亲在汉口一家酒楼工作。那年秋天，老家的一个亲戚到汉口开会，去酒楼吃饭时告诉毛小林父亲一个信息：新农公社马上要扩展为镇，有意划出一块地经营熟食，有手艺的人可以试一试。

毛小林的父亲一连几个晚上没有睡着觉，萌生了到新农开牛肉面馆的想法。这想法在当时比较超前，因为他所在的酒楼是一家国营单位，他端的可是“铁饭碗”，厨师又是令人羡慕的职业。更为重要的是，刚刚实行改革开放，大多数人还不敢轻易尝试单干，都在想方设法进入国营单位。毛小林也是如此，他本想接父亲的班，在国营酒楼做厨师。从有想法到付诸实施，从替人打工到自起炉灶，父子俩经历了 4 年的思考与权衡，最终决定辞职单干，开

新农牛肉面

始自己创业。

1984 年 10 月 15 日，毛小林随父亲回到蔡甸，在新农镇临街建起三间约 80 平方米的门面，开了一家牛肉面馆，取名为“汉来新”。他们的事业越做越大，后来成立的武汉新农牛肉卤制品有限公司（现改名为武汉三镇食品有限公司），是专业从事生产、经营新农牛肉系列卤制品的食品生产加工企业，毛小林是“新农牛肉”的掌门人。

新农牛肉面成为名吃，得益于牛肉和牛骨汤，严格来说，它是新农牛肉衍生出的小吃。如今，蔡甸和武汉中心城区出现很多家新农牛肉面馆，有些面馆还开进高校食堂。

四、新农牛肉出新品

在新农，吸引人们前来购买的不只是新农牛肉、新农牛肉面。经营者在卤牛肉的基础上，研究出新农牛百叶、新农牛肚、新农牛骨头、新农牛弯弯

新农牛骨头火锅

新农牛肚丝

等系列新产品，还陆续推出了爆炒牛肚、凉拌牛肉、红烧牛筋、牛骨头火锅等三十余种新吃法。

近几年，牛骨头火锅成为新农当地一绝，经营牛骨头火锅的餐馆生意火爆，“好吃佬”排起了长队。新农牛骨头火锅做法独特，要点是切牛肉时要顺着牛肉的肌理，保证煮的时候肉不散，受热均匀，口感一致。汆烫时要根据牛肉成色判断焯水时间，只有富有经验的师傅才能把控其中的规律。1 ~ 3 年的小牛和 3 ~ 5 年的老牛，它们的肉在焯水工艺上就截然不同，时间、温度都有讲究。把每一处细节控制好，才是生意红火的秘诀。

新农牛肉源自新农，成名于新农。新农，作为蔡甸的一个小地方，随着新农牛肉的传播而声名鹊起。牛肉产业成为新农和蔡甸的重要产业，从牛的饲养、宰杀、加工到卤制、出售，形成了饲料种植、牛养殖、牛产品加工与销售的产业链，带动了多个行业的发展，创造了可观的经济价值，帮助了大量人口就业。

（撰稿：李明晨）

“鮰”味无穷
——红烧鮰鱼与粉蒸鮰鱼

俗话说“靠山吃山，靠水吃水”。武汉地处亚热带，降水量较多，河流纵横，湖泊星罗棋布，孕育着种类丰富的淡水鱼。在“靠水吃水”的地域背景下，以淡水鱼为食材是武汉菜的一个重要特色。红烧鮰鱼和粉蒸鮰鱼就是武汉鱼菜中的名菜。

红烧鮰鱼

一、鮰鱼味鲜美：不食鮰鱼，不知鱼味

湖北等地有语云：“不食鮰鱼，不知鱼味。”鮰鱼丰腴肥美，肉白如脂，

鮰鱼

入口嫩滑，历来备受人们青睐。《凤台县志》记载：汉代淮南王刘安“喜食此鱼（鮰鱼），曾列贡而禁民食”。鮰鱼至晚在宋代就成为长江沿线的经典菜肴，北宋文豪苏东坡也喜食此鱼。清道光年间，叶调元在《汉口竹枝词》里说“鱼虾日日出江新，鳊鳜鮰斑味绝伦。独有鳗鲡人不吃，佳肴让与下江人”，表明鮰鱼已成为当时武汉餐桌上的常见美味。

鮰鱼亦称江团、白吉，“鮰”音同“回”，故鮰鱼又称回鱼。李时珍在《本草纲目·鳞部四》中说：“北人呼鳠，南人呼鮠，并与鮰音相近，迩来通称鮰鱼，而鳠、鮠之名不彰矣。”野生鮰鱼主要分布于长江水系，以长江中下游为主，武汉段的鮰鱼质量尤佳。鮰鱼属无鳞鱼类，肉质细嫩而不腥，无肌间刺，以鲜美著称，与“长江三鲜”齐名，兼具鲥鱼之味、河豚之鲜，且富含多种维生素和微量元素，可谓上等食用鱼，一向被视为珍贵鱼种。相传，苏轼途经湖北吃了鮰鱼后，即兴赋诗“粉红石首仍无骨，雪白河豚不药人。寄语天公与河伯，何妨乞与水精鳞”（《戏作鮰鱼一绝》），把鮰鱼特殊的鲜味揭示得入木三分：鮰鱼肉质白嫩，晶莹剔透，鱼肉肥美，如河豚般鲜美，却无河豚的毒素；有着鲫鱼的嫩滑，却无鱼刺。明代的杨慎称鮰鱼为“水底羊”，说它似羊肉肥美。李时珍《本草纲目》则说它“气味甘、平、无毒”，有“开胃、下膀胱水（即利尿）”的作用。

鮰鱼一年四季味道都美，但以春季最鲜、秋季最肥美，故民间有“三月桃花鮰，十月菊花鮰”之说。鮰鱼与河豚、鲥鱼、刀鱼一样，有着口齿留香的鲜味，怪不得长江边的人们把它当成宝贝菜肴来招待客人。

鮰鱼有多种吃法，清蒸、粉蒸、红烧、焖、炸、烩皆味美可口。武汉名厨善制鮰鱼菜，还能做鮰鱼席，即整个筵席的菜肴都用鮰鱼作主料，堪称华夏烹饪一绝。红烧鮰鱼和粉蒸鮰鱼，是最常见也是最经典的做法。说起这两道菜，不得不提“老大兴园”。老大兴园初名大兴园，是武汉一家有着一百八十多年历史的餐饮老字号（现歇业），以制作鮰鱼菜肴享誉百余年，尤其以红烧鮰鱼、粉蒸鮰鱼闻名遐迩。

二、荆楚名菜红烧鮰鱼：色泽金黄，肉质鲜嫩

湖北的鱼类多用蒸、炸、熏、烧、氽等做法。烧是将稍煎后的原料加适量水或汤用旺火烧开，中小火烧透入味，旺火收汁的烹调方法，可以分为红烧、白烧、干烧等类别。相对于水煮，烧制的菜肴味道更加丰富，色泽也相对鲜亮。红烧鮰鱼是鮰鱼菜系列的代表，也是湖北菜的代表之一，其色泽金黄，鱼肉鲜嫩，鱼皮黏糯，色香味俱佳，令人回味无穷，入选“楚菜十大名菜”，并被收入“中国著名菜系名菜录”。

据有关资料记载和鮰鱼大师的口述，1934 年，德华酒楼聘请名厨刘开榜掌勺，在门庭加装“鮰鱼大王刘开榜”的招牌，做红烧鮰鱼等特色菜，生意大好。1936 年，老大兴园的第二任掌柜吴云山看中刘开榜的手艺，重金聘请刘开榜到老大兴园，也挂出“鮰鱼大王刘开榜”的招牌，红烧鮰鱼使老大兴园名声大振，刘开榜也成为一代“鮰鱼大王”。

红烧鮰鱼

刘开榜烧制鮰鱼选料讲究，选用长江簰洲湾至青山水域内三四斤的鲜活鮰鱼；作料、辅料也很讲究，烹调中还要加鸡汁或虾子氽烩；做法独特，重刀工、重火候、重原汁、重入味，掌握嫩度，三次换火，三次加油。做出的鮰鱼味透而肉不老，入盘的卤汁如膝似绒，鱼块晶亮泽润，色形美观，入口则肉骨自分，鱼肉滑嫩鲜香，油而不腻，具有浓厚的楚地风味，引得不少名流前来品尝。刘开榜在老大兴园主厨 8 年，在 1944 年美机轰炸汉口日军时不幸遇难。其后，“鮰鱼大王”第二代曹雨庭、第三代汪显山、第四代孙昌弼，继承发扬红烧鮰鱼的制作技艺，并创新其他鮰鱼菜。

如今红烧鮰鱼的具体做法是先将新鲜鮰鱼剁成约 4 厘米见方的鱼块，锅热后下熟猪油、色拉油，加葱白段、生姜片、大蒜片炝锅出香，放入鱼块，两面煎至金黄色，淋入料酒，略翻炒后，加入生抽、老抽、白糖、盐等调料，再加入适量的水，盖上锅盖，大火烧开，转中小火慢炖，收芡至汤汁呈稠糊状黏在鱼块上时，再淋入少许熟猪油，出锅装盘即成。其色泽黄亮油润，其肉柔嫩滑润，其汁鲜美味浓，其形整而不散。吃鱼最怕有细刺，烧制好的鮰鱼不仅没有小刺，而且几乎全身都是鲜嫩的肉，夹起来放进嘴里，看上去肥腻实则鲜嫩的肉在舌尖上滚动，令人回味无穷。

三、鱼米之乡粉蒸鮰鱼：鱼有粉香，粉有鱼鲜

粉蒸鮰鱼是红烧鮰鱼之外最著名的鮰鱼菜肴，也是传统湖北菜中的经典菜肴，一直在武汉乃至湖北餐饮市场广受欢迎。

蒸作为我国古老的烹饪方法之一，早在两千多年前的《诗经・大雅・生民》中，就有“烝之浮浮”的记载；东汉则有“炊之于甑，爨而烝之”的做法，就是将食材放入甑中，利用蒸汽加热蒸熟。蒸制菜肴以水蒸气作为传热介质，温度处于 100 摄氏度到 200 摄氏度之间，比煮的温度更高，节约水的同时还能更快加热食材。同时，蒸对油脂的需求更小，也能更好保留食物的原味且

粉蒸鮰鱼

更宜入口。所以蒸的使用范围广，频率高。民国时期的《飞报》（1948 年 4 月 2 日）云："湖北菜的特品第一是蒸菜，就是蒸出来的菜，这种做法能保原味，有蒸肉、蒸鱼、蒸鸡鸭、蒸蔬菜等，有时可加米粉变为粉蒸菜。"《谈湖北菜》说："旧汉阳府属各县，最佳食品是蒸菜，不论鸡鸭鱼肉，园蔬瓜果，山珍海错，都可以蒸了吃，而其制法，也不止用米粉拌和，如粉蒸肉一类的东西。蒸菜可作为'全蒸席'，一席数十品菜肴，尽系蒸菜。"

"鱼米之乡"饮食文化的一个突出特点，就是擅长"鱼"与"米"合烹，其中"粉蒸鱼"是典型代表，而粉蒸鮰鱼则是"粉蒸鱼"中的"天花板"。一道粉蒸鮰鱼，鱼肉鲜嫩，米粉香滑，鱼有粉香，粉有鱼鲜。

粉蒸鮰鱼的具体做法：将新鲜野生鮰鱼处理干净，斩成宽 2 厘米、长 4 厘米的块状，腌制备用。将生抽、白糖、姜汁、米醋调制成味碟待用；把鱼块放入汤盆中，加入食盐、味精、姜葱水用手拌匀上劲，再放入熟猪油拌匀，均匀裹上细米粉，再将鮰鱼块置入蒸笼用旺火蒸约 15 分钟，直至鱼肉熟透，取出装入盘中（或装入竹筒再次蒸热），撒上白胡椒粉，点缀葱丝，淋入少量热猪油即成。粉蒸鮰鱼的成品色泽洁白，米香浓郁，肉质鲜嫩，富有荆楚风味。

许多人嫌鱼菜有些肥腻，而米粉蒸制的方法，较好解决了这一问题。在蒸制过程中，米粉吸收了水汽，也吸收了鱼肉冒出的油脂，更加突出了鱼肉肥而不腻的美味特点。粉蒸鮰鱼除了传统的做法，还有双色粉蒸鮰鱼、鸳鸯粉蒸鮰鱼等创新做法，可谓色香味俱全，集美食属性与造型艺术性于一体，把鮰鱼菜发挥到了极致。

四、鮰鱼美味代代传：百年“鮰”味，“鮰”味百年

武汉鮰鱼制作技艺经过一百多年的传承创新，不断丰富和发展。从第一代“鮰鱼大王”刘开榜算起，历经四代“鮰鱼大王”及其弟子，在不同时期均有不同特色。刘开榜时期，鮰鱼特色做法是红烧鮰鱼、海参鮰鱼等。曹雨庭时期，从红烧鮰鱼创新发展到网油鮰鱼、汆鮰鱼、清炖鮰鱼、粉蒸鮰鱼等。

双色粉蒸鮰鱼

汪显山时期，他一直致力于创新鮰鱼烹调技术，不断观察研究长江不同地段、不同季节的鮰鱼特点，采取不同的烹制方法，创新了鸡蓉鮰鱼、干烧鮰鱼、海参鮰鱼等鮰鱼菜。到了孙昌弼时期，他将鮰鱼菜的蒸、烧、汤、炖四种做法发展成三十多种，同时结合现代人的消费观念，提升鮰鱼的拼盘艺术，将中国画的构图、色彩、神韵运用到烹制中，从最初的画盘设计，到烹饪制作，最后摆盘成菜，都让人赏心悦目。孙昌弼时时告诫弟子：为人谦虚稳重，做事脚踏实地才是做菜的精髓，传承鮰鱼菜要注重挖掘食材本身的特性，顺应自然，食物才有厚实感。如今，孙昌弼的技艺在其弟子所开的“鮰归”“雅和睿景”“聚缘庄”等酒店得到传承。另外，湖锦酒楼的烧鮰鱼，也被中国烹饪协会认定为“中国名菜”。

2012 年，老大兴园鮰鱼制作技艺入选第三批湖北省非物质文化遗产名录。一道鮰鱼，舌尖记忆，当独特的鲜美之气蔓延萦绕鼻端，令人垂涎欲滴。闻其香，心旷神怡；尝其肉，回味无穷，怎一个“香”字了得！令人感叹此鱼只应天上有，人间难得几回尝。百年“鮰”味，“鮰”味百年。

（撰稿：李任）

款待贵客有鳜鱼
——珊瑚鳜鱼与干烧鳜鱼

鳜鱼又叫季花鱼、鳌花鱼，与鲤鱼、鲈鱼、大白鱼齐名，同被誉为中国“四大淡水名鱼”。因为“鳜”与“贵”谐音，鳜鱼成为款待尊贵宾客的常选菜肴。它又叫“桂鱼”，让人想到“蟾宫折桂”，因此它也是设宴庆祝金榜题名时的佳选。武汉筵席中的鳜鱼菜肴，最受欢迎的是珊瑚鳜鱼和干烧鳜鱼。

珊瑚鳜鱼

一、鳜鱼自古就是养生美味

武汉饮食体现了中国饮食传统中的“食疗食养”，用鳜鱼待客不只是因为其象征尊贵，更是因为其食疗食养价值高，有助于身体健康。

鳜鱼是一种头尖、口大、鳞小、尾圆的鱼，体较高而侧扁，背部隆起且有花纹，身体较厚。鳜鱼肉质细嫩，刺少肉多，其肉呈瓣状，味道鲜美，实为鱼中之佳品。李时珍将鳜鱼誉为“水豚”，意思是鳜鱼像河豚一样鲜美。鳜鱼具有较高的食疗食补价值，《本草纲目》载鳜“补虚劳，益脾胃。尾治小儿软疖，胆治骨鲠在喉”。鳜鱼味甘，性平，能健脾益胃，补气养血，可用于治疗气血亏虚、面色萎黄、乏力等，可以缓解肺结核、咳嗽、贫血、肠风便血、骨刺鲠喉等，对延缓衰老也有一定益处。现代营养学研究，支撑了传统医学对鳜鱼药性药用的判断。鳜鱼富含蛋白质、脂肪、维生素，还含钾、钙、镁、铁等微量元素，是补充蛋白质的最佳食品，有利于美容养颜、健脑益智、健脾养胃，增强记忆力和机体免疫力。

武汉人食用鳜鱼具有天然优势，本地及周边江河湖泊出产优质鳜鱼。紧邻武汉的梁子湖和长港产的鳜鱼品质上乘，梁子湖和长港相连，在鄂州与长江相通。梁子湖为“全国十大淡水湖”之一；长港水体清澈，水质纯净，无任何污染，两处水域非常适合鳜鱼的生长。自古以来，这里出产的优质鳜鱼就被运往武汉，成为武汉人民的食补佳肴。

武汉都市圈的黄石西塞山出产鳜鱼，自古就以肥美著称。唐朝诗人张志和《渔歌子》中的著名诗句“西塞山前白鹭飞，桃花流水鳜鱼肥”，据说写的就是西塞山鳜鱼。这句诗，不仅写出了西塞山的美景，而且点出了食用鳜鱼的最佳时节。关于“桃花流水”有两种解释，一是桃花盛开的时候，春夏之交的河流涨水变暖，鳜鱼最为鲜美；二是桃花汛的时候，江河水涨，水流湍急，鳜鱼在这种湍急水域生长，肉质鲜美。不管哪种解释，都表明早在唐代，人们就把握了鳜鱼鲜美的时间。这种饮食观念影响到现在，武汉人重视食用鲜活的鳜鱼，而且是两斤以上的大鳜鱼，其味道最为鲜美，食疗价值也最高。

二、形似珊瑚托喜庆：珊瑚鳜鱼

用鳜鱼制作的名菜很多，著名的有原汁原味的清蒸鳜鱼，苏州松鹤楼外脆里嫩的松鼠鳜鱼、模仿葡萄形态的葡萄鳜鱼、闻起来臭吃起来香的徽州臭鳜鱼等。武汉百姓常用的方法是蒸和炖，高档酒楼的大师则创制出造型和味道俱佳的鳜鱼菜肴，楚地名菜珊瑚鳜鱼就是其中的代表。松鼠鳜鱼、葡萄鳜鱼采用的是拟物的命名方法，模仿的是动物和水果；而珊瑚鳜鱼模仿的是名贵的海产珊瑚。珊瑚这种海底瑰宝，历代被视为富贵的象征。红珊瑚被视为祥瑞之物，所以又被称为“瑞宝”，是幸福与永恒的象征。红珊瑚不仅具备收藏观赏价值，据说还具备极强的保健功能。据说，佩戴红珊瑚饰品，能调节人体内分泌，促进血液循环，还能够除宿血、续断骨、养颜美容。鳜鱼名字的象征尊贵与食疗价值，和珊瑚有着相似之处，因此，珊瑚鳜鱼可以说是一道综合二者优势的武汉名菜。

颜色鲜亮的珊瑚鳜鱼

珊瑚鳜鱼出自楚菜大师卢玉成。卢玉成是中国烹饪大师、湖北省烹饪技术考试委员会高级考评员、餐饮业国家一级评委。他曾任武昌饭店、湖北饭店副总经理，中国烹饪协会名厨专业委员会委员。1964 年，年仅 16 岁的卢玉成进入江汉饭店学艺，师承川菜名家刘大山。1981 年，卢玉成被调入武昌饭店，1987 年参加湖北省饮食服务业高级技术职称考试，首创的珊瑚鳜鱼获评满分。从此，珊瑚鳜鱼成为武昌饭店名菜之一。1988 年，卢玉成参加第二届全国烹饪技术比赛，又凭珊瑚鳜鱼夺取金牌。

卢玉成在四十多年的厨师生涯中，不仅研发了珊瑚鳜鱼、螺丝五花肉、芙蓉鸡片等近百款荆楚风味菜品，还多次应邀担任省、市及全国烹饪大赛专业评委，培养了一批优秀的烹饪和饭店管理人才。1990 年，卢玉成荣获“湖北省劳动模范”称号，1991 年获“全国五一劳动奖章”。

珊瑚鳜鱼制作工艺复杂，讲究刀工和火候，比较考验厨师的功底，只有技艺娴熟的厨师才能做好。

这道菜肴选用 3 斤左右的大鳜鱼，将其宰杀治净，从头部切断，沿脊骨取两边的肉，但去除脊骨时一定不能把尾部切断。然后运用剞花刀法将鱼肉切成长条，腌制入味后拍粉。将拍粉的鳜鱼双手拿起，一手抓鱼头，一手抓鱼尾，放入滚开的油锅中炸制定型。这非常考验大师高超的厨艺，一是剞花时刀工要娴熟，每条鱼肉要长短粗细均匀且对称分布在鱼脊骨两边，这样炸出的鳜鱼才能成为一体。二是双手抓鱼，将鱼放入滚开的油锅中转动定型，既要胆识过人，更要功夫过硬。制作完成的珊瑚鳜鱼鱼肉色白质酥，宛如海底珊瑚，浇以白芡汁则似白珊瑚，淋上番茄汁则似红珊瑚。成菜香味扑鼻，酸甜适度，酥脆宜人。

这道菜以珊瑚造型象征客人的尊贵，表达了对客人的尊敬之情。红亮的颜色也烘托了喜庆的气氛，红红火火。因此，这道菜成为武汉人举办各种宴会时必选的大菜，尤其是满月宴、生日宴、婚宴、寿宴等喜庆宴席。

三、肉质细嫩味回甘：干烧鳜鱼

武汉融汇南北东西文化，在饮食上接收不同风味。明清以来，汉口吸引各地商帮，各地饮食风味在此融合发展。干烧鳜鱼就是借鉴和吸收川菜干烧技法而产生的一道佳肴。

据传，武汉的干烧鳜鱼产生于宋金大战时期。1206 年，金兵以 20 万大军围攻大宋，赵万年力劝新任招抚使赵淳死守襄阳，在九十多天里，经过二十多次大战，最终以万余守卒抗击 20 万金军，城得以解围。之后，赵万年留下名诗《徐招干请吃鳜鱼桐皮》：“檐外桃花片片飞，垂涎汉水鳜鱼肥。桐皮一作饥肠饱，似得精兵解虏围。”后人戏称汉水流域的干烧鳜鱼救了大宋。

干烧鳜鱼

在武汉，制作干烧鳜鱼有着突出的地方特色，最好选择野生鳜鱼，干烧后肉呈蒜瓣状，俗称蒜瓣肉。其制作步骤如下：

1. 煎鱼：要把鱼煎成双面金黄色，这个环节要掌握好火候，煎不到火候，鱼就不香，火候过了，鱼肉就发老。

2. 干煸五花肉丁：干煸为的是让鳜鱼肉吸入猪油，使鱼肉有滑嫩感。

3. 煸炒酱：一般选用咸辣味道不太突出的豆瓣酱，炒到香气浓郁即可。

4. 干烧鱼：将煸炒的五花肉丁投入煸炒酱的锅中，放入煎好的鳜鱼，加入清水，干烧，然后加入陈年黄酒和酱油，汤汁收得差不多时加入辣椒丁和焯过水的玉兰片丁。

烧鱼的时候要放“三丁”，即干辣椒丁、玉兰片丁和五花肉丁，要加入陈年黄酒和用黄豆酿造的浓酱油，这样做出的干烧鳜鱼才地道。干辣椒丁香而微辣，竹笋做成的玉兰片丁脆嫩爽口，五花肉丁肥瘦相间，三者一起作用，使干烧鳜鱼吃起来鲜香细嫩又有脆嫩感。陈年黄酒去腥增鲜，黄豆酿造的酱油豆香浓郁。所以干烧鳜鱼味道鲜香微辣而有回甘，不是用辣酱油、味精、鸡精、糖等调味料调出的，而是充分运用火候，在干烧的过程中将辅料的味道融入主料鳜鱼中。干烧鳜鱼虽然汤汁浓郁，但一般不勾芡，因为在干烧中，鱼肉和猪肉的汤汁已经十分香浓。

四、鳜鱼菜肴名店老会宾

在武汉谈起鳜鱼菜肴，人们自然会想到“老会宾”酒楼。这家历经百年时光流转的老字号，以其精湛的烹饪技艺和独特的鳜鱼菜肴享誉国内外，成为武汉三镇乃至全国闻名的餐饮名店，武汉的老百姓几乎无人不晓，外地游客也慕名而来，只为品尝那一口鲜美的鳜鱼。

在老会宾，鳜鱼被烹饪成一道道精美的菜肴，如明珠鳜鱼、拖网鳜鱼、松鼠鳜鱼、网油怀胎鳜鱼、手撕鳜鱼、古法砂锅鳜鱼、荷花国宴鳜鱼狮子头等。一百多年以来，虽几经世事变迁，老会宾已歇业，但六代传承人始终坚守对鳜鱼制作工艺的热爱和执着，不断将工艺发扬光大。他们不仅保留了传统的烹饪技艺，还融入了现代烹饪理念和手法，使得鳜鱼菜肴更加丰富多彩、独具特色，为武汉美食文化的传承和发展做出了贡献。

1988 年，老会宾特级厨师汪建国参加第二届全国烹饪技术比赛，以明珠鳜鱼一菜获得金牌。国家领导人李先念、杨尚昆等，专门将他接到北京做客。叶剑英元帅还特地将他接到家中，仔细品尝他制作的武汉名菜，对其技艺高度赞扬。他制作的铜锅生氽鳜鱼，还被溥杰赞誉为“超过当年御厨”。

（撰稿：李明晨）

江城一绝
——香煎大白刁

武汉是鱼米之乡，淡水鱼资源丰富，除了闻名遐迩的武昌鱼，刁子鱼也别具特色。楚菜制作刁子鱼的方法多样，有香煎、清蒸、干煸、油炸、红烧等，其中香煎大白刁是江城一绝。香煎大白刁食材主料大白刁，大部分来自长江和汉江。刁子鱼因为长得慢，大的较少，因此香煎大白刁在食材上十分珍贵。

香煎大白刁

一、识“刁”

刁子鱼，学名鳍鱼，属鲤形目，鲤科，鳍属，俗称刁子、麦秆刁、昌刁、

大白刁

刁杆等。体细长，扁筒状。头小，呈锥状。口较小，斜裂，无须。下咽齿三行，宽大而光滑，末端成钩状。背鳍无硬刺，其起点与腹鳍相对。尾鳍分叉很深，末端均尖。体背部呈青黄色，腹部银白，体侧正中上方有一条浅黄绿色的纵带；偶鳍和臀鳍橘黄色，尾鳍灰黑色。外形似鳡，但性情较温和，有江湖洄游的习性。食物多为水生昆虫、枝角类浮游动物、小鱼、小虾等。

刁子鱼被列入《国家重点保护经济水生动植物资源名录（第一批）》，分布于珠江、闽江、钱塘江、长江、黄河、辽河、黑龙江等水系。此外，刁子鱼还有翘嘴的俗称，事实上翘嘴是鲤形目鲤科鲌属鱼类，跟鳍属的鳍鱼同目同科不同属，但形体相近，一般人分辨不了。翘嘴又名条鱼、白条鱼、大白鱼、翘嘴巴、翘壳，而条鱼实即鲦子鱼。所以刁子鱼是以白鲦鱼为代表的鱼身修长、行动迅捷、细刺极多、肉嫩的一类鱼的统称。

关于刁子鱼的得名，一方面由上述“鲦子鱼”而来，一方面是因刁子鱼对水质要求极高，离水后很快会死去，这“刁钻”习性让人称之为“刁子鱼”。

刁子鱼生长速度不快，个头也不大，洁白如玉，被誉为淡水鱼中的“白富美”。

二、历史与传说

刁子鱼在我国有久远的历史，古人不仅很早就尝到了其鲜美滋味，一些文人墨客还把它作为描摹和歌咏的对象。如杜甫的“白鱼如切玉，朱橘不论钱”“白鱼困密网，黄鸟喧嘉音”，白居易的“青青芹蕨下，叠卧双白鱼”，苏轼的“青蓑黄箬裳衣，红酒白鱼暮归”“明日淮阴市，白鱼能许肥”“烂蒸香荠白鱼肥，碎点青蒿凉饼滑”，王冕的“过淮浑酒贱，出水白鱼肥”等，都是歌咏白鱼（即刁子鱼）的名句。

湖北荆州有一则关于刁子鱼的传说。相传唐代有位皇帝南巡，御舟行至江陵地界时，忽有一尾大白鱼跃出水面，落在甲板上活蹦乱跳，在阳光照射下银光熠熠。皇帝令御厨烹饪，品尝之后，对白鱼的美味大为赞美，将其列为贡品。

另一则传说也在湖北流传。相传明嘉靖三十一年（1552），明世宗重修武当宫观，在遇真宫东北的山崖上建大石碑坊，赐额曰“治世玄岳”。匾额途经均州（今丹江口市）一带时，忽有一尾大白鱼跃出水面，落在甲板上活蹦乱跳。上差命人将此鱼烹制成菜，食用之后，对其美味大为赞赏。从此，均州出产的大白鱼被列为上等贡品。

这些传说不仅丰富了大白刁的文化内涵，也为其增添了神秘色彩。

1955年，科研人员用翘嘴鲌进行杂交选育，诞生新品“大白刁”。1974年，丹江口水库以其面积大、水质好的优势，成为人工养殖刁子鱼的佳地。此外，湖北荆州、武汉黄陂都有渔民养殖刁子鱼。由于产量大增，湖北名厨开发出香煎大白刁、干煸刁子鱼等名菜，金贵的刁子鱼走进了寻常百姓家。

三、食谱

香煎大白刁的常规做法，这里备一份，供有心人尝试。

首先准备主辅料：刁子鱼一条，以0.5 ~ 1千克适宜；生姜、大蒜、小葱、花椒、红椒、青椒适量；食用油、盐、料酒、生抽、胡椒粉、辣椒酱或豆瓣酱、香醋适量。

将大白刁去鳞去鳃，从背部剖开，去除内脏，洗净。若想鱼更入味，可以在鱼身上划几刀。青红椒切丁，生姜切小片，大蒜切薄片，小葱切小段，花椒洗净沥干。

风干的大白刁

腌制大白刁通常有两种方法，一种是把鱼放盘子里，放盐、胡椒粉抹匀，再放入生姜片、花椒拌匀，腌一个小时后即可下锅；一种是将鱼双面抹盐腌制 24 ~ 48 小时，在室外悬挂 1 ~ 2 天，让风吹至半干，制成阳干鱼，这样不仅能增加鱼肉的风味，也能使鱼肉更加紧实。阳干鱼可以用袋子密封保存，放入冰箱冷冻层，什么时候想吃，拿出来解冻即可烹饪。

现腌的鱼，去除水分，把鱼与辅料分开，备用；阳干鱼则先清洗，除去表面灰尘，再控干水分备用。

锅烧热，倒入食用油，放入腌好的鱼。有皮的一面向下，小火煎至金黄色，继续慢慢煎另一面。

鱼两面都煎好后，放入腌鱼的生姜片、蒜片、花椒、红椒，煎至出香味，再淋入料酒、一大勺生抽，烹煮一会儿就可以出锅装盘了，然后撒上葱花。这样烹饪的大白刁香味浓郁，口感干脆。因为这种做法汤汁少，因此人们称之为干煎大白刁。

此外还有一种做法：鱼两面煎黄，煎出香味，起锅放入盘中。用煎鱼的底油，放入生姜片、大蒜片煎一煎，再放入辣椒酱或豆瓣酱炒一炒，加入料酒、

香煎大白刁

生抽，把鱼腹面朝下放入锅中，加水（水不要太多，盖住鱼即可），大火煮开，转中小火慢煮。为使鱼更入味，可以边煮边把汤汁往鱼身上淋，待鱼快熟时，把红椒丁、青椒丁也放入汤汁里煮。鱼煮熟入味后，出锅放入盘中，在汤汁里加胡椒粉、香醋、小葱，搅拌收汁，把汤汁均匀地淋在鱼身上即可。这样做出的大白刁色泽莹亮，香味浓郁，肉质细腻，口感醇厚。

烹饪时需要注意如下事项：

1. 鱼在风干时只能半干，否则鱼肉太硬，影响口感。

2. 食用油最好用菜籽油，做出的鱼香味更浓。

3. 煎鱼时，要热锅冷油时下鱼，更能保持鱼皮的完整性。

4. 要吸干鱼表面的水分，下锅后小火慢慢煎，火大了容易煎煳。煎鱼时不要急于翻动，待鱼皮跟锅表面脱离，再稍微煎一下，就可以翻面，这样鱼皮不会破。

四、味道与营养

香煎大白刁的味道特点是鱼肉焦香、鲜嫩、细腻，制作时用少量辣椒，使得鱼肉鲜香可口，吃一口就上瘾。

香煎大白刁不仅味道鲜美，而且营养丰富，富含蛋白质、氨基酸、钙、磷、铁等营养成分。蛋白质是人体组织的基本成分，对维持身体机能和免疫力至关重要；氨基酸则是生物功能大分子蛋白质的基本构成单位，对于促进生长发育、修复组织等有着重要作用；钙和磷是骨骼和牙齿的主要成分，对于维持骨骼健康至关重要；铁则是血红蛋白的重要组成部分，对于氧气的运输起着关键作用。因此，食用香煎大白刁不仅能够享受美味，还能补充多种营养成分。

五、武汉觅“刁”

武汉很多酒楼、餐馆有香煎大白刁，笔者在这里推荐几家。

肖记公安牛肉鱼杂馆：一个知名特色餐饮品牌，以公安牛肉和鱼杂为招牌菜，香煎大白刁是其中特色菜之一，深受食客喜爱。其在武汉开有多家分店，如三角路店和万松园店。肖记公安牛肉鱼杂馆·省级非物质文化遗产是该品牌的直营总店，位于八一路 87 号（银海华庭一楼）。

四季春鱼楼和潮江宴粥府：均位于武昌区，均为楚菜餐厅，香煎大白刁是其推荐菜品之一。

总之，香煎大白刁是一道色香味俱全的武汉名菜，但吃的时候要小心，因鱼刺较多，若不细细地吃、慢慢地品，一个疏忽就容易刺鲠在喉。

（撰稿：刘琴）

煨炖传承，滋味醇厚鲜香
——汪集鸡汤

“宁可食无肉，不可饭无汤。”自鼎问世以来，汤汤水水便成为中华饮食文化中不可或缺的一部分。湖北人尤为钟爱汤品，排骨藕汤、海带排骨汤、萝卜筒子骨汤、冬瓜老鸭汤、鸽子汤等是湖北人餐桌上常见的汤品。已有三百多年历史的汪集鸡汤，肉嫩汤鲜，滋味醇厚，独具地域特色，在众多汤品中脱颖而出。

汪集鸡汤

一、汪集鸡和深井水：煨出鸡汤，香飘武汉

武汉市新洲区北依大别山，南临长江，物产丰富，人杰地灵。汪集镇地

处新洲腹地，地势平坦，四通八达，一汤带一城，鸡汤成就了汪集“楚天汤城”的美誉。

汪集鸡汤具有汤滚、肉烂、骨酥、味鲜、气香、量足六大特色。汪集鸡汤的味道之所以特别，源自严格的选材标准和极为考究的烹饪技艺。

作为主料的“汪集鸡”，是汪集本地鸡和潜江鸡的杂交品种，自然散养，相较于笼养鸡，鸡头更小，鸡冠更红润，毛孔更小。汪集鸡长期择食草籽、虫子，故肉质细嫩、味鲜可口，以生长一年以上、重量 1.2 ~ 1.4 千克的母鸡口感最佳。

煨汤采用 18 米深井的汪集水，井水澄澈，带有天然的甜味，为汤汁注入独特的口感和纯净的味道。汪集土鸡肉质鲜嫩，汪集井水清澈甘甜，再加上传统的制作工艺和科学的作料，便煨出风味独特、汤鲜味美的汪集鸡汤。

汪集鸡汤在烹制时，要焯水去腥和翻炒至金黄色，确保鸡肉香味的充分释放。汪集鸡汤具有独特的步骤——“吊汤”和“木炭煨汤”。与普通的熬鸡汤方法不同，汪集鸡汤的汤需要单独熬制，调制汤水的过程即为吊汤。煨汤以湖北、江西最为擅长，但两地截然不同，江西的“煨”某种程度上是“烘”，通过热气烘熟；湖北的“煨”是通过余烬慢慢加热，或采用小火慢熬。小火慢烹，利用硬质木炭恒温煨炖，使其受热均匀，汤汁在瓦罐内反复沸腾。陶制的陈年瓦罐，能均衡而持久地把外界的热传递至原料内部，有利于水与鸡肉相互渗透，将香气锁在罐中。时间越长，鸡汤就越鲜醇，鸡肉就越软烂，开罐后鲜香扑鼻，别具风味。

瓦罐熬汤

每一碗汪集鸡汤，汤汁清亮不油腻，淡淡的鸡肉香弥漫在空气中，让人垂涎三尺。入口后唇齿留香，余味悠长，还有入脾益气、滋补养身之功效，可谓是色、香、味、营养、口感俱全。

二、汪集鸡汤的传说："团年汤"与"吴氏汤"

汪集鸡汤的历史可追溯到明清时期，据《新洲区志》《汪集镇志》记载，汪集民间有家家煨汤、以汤会友的传统。有人认为，汪集鸡汤因"团年汤"的美好寓意而大热。从前，汪集人为了给来年求财，除夕之夜都要喝汤，称之"团年汤"。"团年汤"中最好的是鸡汤，因此当地人熬制鸡汤的技艺越来越精湛。以鸡汤为本，创新菜品也越来越多，如粉丝鸡汤、红枣枸杞鸡汤、饺子鸡汤、香菇鸡汤、鸡汤面、蔬菜鸡汤米线……

汪集鸡汤的故事，得从汪集的游商说起，最富有传奇色彩的莫过于"汤王吴太婆"的传说。吴太婆原名吴东秀，正是她把"团年汤"做成了生意，炒成了名牌，带到了武汉市中心。她原是一位拾荒老人，后与爹爹"猫子"一起，以挑担卖香烟、老鼠药为生。据汪集人描述，1983 年，吴东秀 60 岁，在离家 3 里的汪集镇搭了个棚子，卖成本较低的藕汤，只是为了维持生计，却在机缘巧合中将"汪集鸡汤"发扬光大。她的勤劳和诚信打动了众多食客，使得"汪集鸡汤"名声大噪。1994 年，年逾七旬的吴太婆在汪集租了门面，挂出"汪集猫子吴氏汤馆"的牌子，专做煨汤生意。此后，越来越多的汪集人从事煨汤生意，汪集人煨了三百多年的"团年汤"成了品牌，形成了"一进汪集街，遍地鸡汤香"的景象。1997 年，74 岁的吴太婆带着自己的煨汤绝活，从新洲来到武汉中心城区闯市场。不久，"汪集猫子吴氏鸡汤"在江城遍地开花。与其他汪集人不同，吴太婆敢于也善于借媒体宣传自己，被媒体誉为"吴氏汤王"。她也热心慈善事业，1998 年送 100 罐鸡汤上抗洪前线。"汤王吴太婆"的故事不仅是一段传奇，更是湖北汤文化的一个生动缩影，吴太婆用自己的坚持和努力，传承了一种特别的味道、一种家的温暖。

三、从传统到创新，一碗鸡汤点燃城镇的温暖

据汪集人回忆，从20世纪80年代开始，由茅棚和泥瓦灶组成的鸡汤店，逐渐成为汪集个体经济的象征。到了90年代初，汪集街头已开设了一百多家鸡汤店。1999年，在当地政府的支持下，集资控股的汪集汤食有限公司正式成立。汪集街筹资超过1500万元建立“汪集汤城”，吸引了57家民营汤馆入驻，整个街区形成了人人都在卖汤的繁荣景象。2000年，汪集鸡汤注册了商标“汪集汤”，荣获全国食品博览会金奖。到了2001年，汪集街年销售鸡汤450万罐，产值近1.2亿元。这里不仅“煨”出了支柱产业，还“煨”出了二十多位百万富翁。据统计，在鼎盛时期（2000年至2003年），汪集鸡汤馆在武汉市达到了1700家，年售1000万罐鸡汤，创收1.5亿元。

然而，汪集鸡汤的名声，一度随着店铺数量的快速增长而受到挑战。由于无准入门槛和统一的质量标准，导致从业者鱼龙混杂、汤品质量下降，严重影响汪集鸡汤的品质和声誉，销售额也随之急剧下滑。2006年，汪集一批“70后”经营者崛起，他们以强烈的品牌意识为推动力，成立汪集汤业协会，开始探索统一的生产标准，研发出加热即食的真空罐装汤，常温状态下可保存12个月，既保证了鸡汤的新鲜度和营养价值，又方便消费者携带和保存。

2018年，汪集汤业协会和汪集汤食公司共同投资1000万元，成立了汪集汤业集团，在传承传统工艺的同时，不断进行创新，引入现代工艺和设备，实现了更高效的生产。

传统与现代的结合，造就了汪集鸡汤产业的日益发展壮大。如今汪集鸡汤呈现出两条不同的发展路径：一条是坚持传统，以手工技艺烹饪，以“前店后厨”模式，形成线下汤食文化路线；另一条是走产业化生产路线，以品牌化战略，打开多种线上销售渠道。目前，汪集鸡汤已进驻各大超市，通过电商渠道通达全国。规划建设中的汪集汤食文化产业园，面积达120亩，预

“武汉老字号”标牌

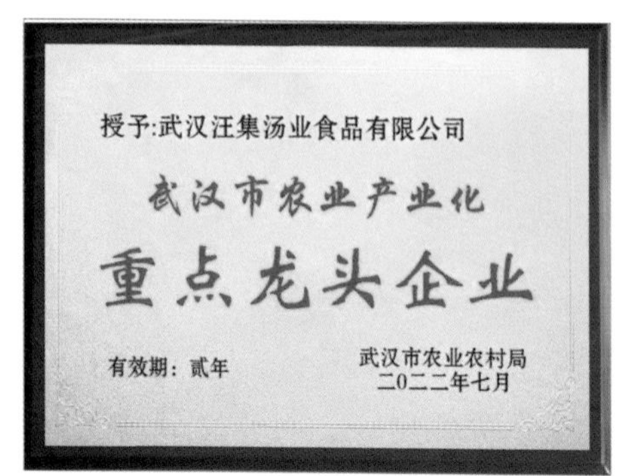

“武汉市农业产业化重点龙头企业”标牌

计年产量可达3000万罐，将汪集鸡汤打造成吸引游客的重要美食文化标志，把“2小时餐饮经济”变成“12小时餐饮+休闲消费+农文旅经济”。

汪集鸡汤的产业化发展，促使当地产业由传统的棉花种植业转变为家禽饲养加工业，不仅促进了饲养、饲料加工、运输等相关行业的发展，还扩展了农民增收的途径和空间。汪集鸡汤品牌的成功，不仅富裕了当地居民，还吸引了一大批农民和下岗职工投身饲养、餐饮、购销、屠宰加工等行业，实现了“以汤带城”的梦想。

传承三百多年的汪集鸡汤，不仅是武汉老字号，还入选武汉市非物质文化遗产名录。一碗小小鸡汤，不只是舌尖上的享受，更是燃起万家灯火的希望与温暖。

（撰稿：黄倩雯）

鲜藕脆嫩肉末香
——炸藕夹

大江大湖大武汉，长江与其最大支流汉江在这里交汇，形成了江汉朝宗的天下奇观。市内湖泊星罗棋布，湖塘相伴，河流纵横。广大的水域中不仅鱼虾丰富，而且盛产莲藕。在这种自然环境下生活的武汉人既大气豪爽，也聪慧细腻，这在莲藕的吃法上就能得到充分的反映：既酷爱大气的排骨藕汤，也善于制作小巧玲珑的炸藕夹。

炸藕夹

一、武汉自古出佳藕

武汉人喜好藕夹，得益于这里自古以来就出产品质极佳的莲藕。如果问

白莲藕

武汉哪个区域出产的藕好，每个区域的人都能说出引以为豪的产品。汉阳龟山下面的月湖，水质和泥土适合莲藕生长。20 世纪 80 年代月湖出产的藕品质优良，不仅武汉人喜欢吃，还远销北京和香港。洪山区青菱街道一带的湖塘所产莲藕也远近闻名，人们争相购买。最值得一提的是老汉阳县（今蔡甸区），该地区种植莲藕的历史已有上千年，被业界认为是中国莲藕人工栽培的起源地。早在宋代，蔡甸莲藕因品质优良被当作贡品进献宫廷。明清时期，蔡甸莲藕已大面积种植。此外，武昌、黄陂、新洲、江夏等地出产的藕也有名气。

佳藕在身边，自然就喜欢吃，而且形成了丰富而独到的吃藕经验。人们根据荷花的颜色，把藕分为红花藕和白花藕，俗称红莲藕和白莲藕。红莲藕粗大，淀粉含量高，粉糯香甜，适合煨汤，通常与猪排骨搭配。白莲藕相对细长，颜色雪白，清脆嫩甜，适合炒着吃。

武汉人喜欢食用藕，也善于利用藕制作各类食物。荷叶用来制作荷香鸡，也可用于蒸圆子，或者直接用来冲荷叶茶。夏季酷热，碧绿的莲子鲜嫩微苦，能清心消暑。到了秋天莲藕上市，用红莲藕煨汤，用白莲藕制作滑炒藕片、炒藕丝。在炸制的烹饪技法中有炸藕圆、炸藕夹，粉粉的红莲藕或藕梢子用来炸藕圆，雪白脆嫩的白莲藕则用来炸藕夹。

二、聪慧又富有：藕夹的文化寓意

藕夹是两片藕把猪肉末夹在中间，藕合则要求两片藕能合在一起。“夹”与“合”是矛盾的，中间夹了东西，两片藕就很难合在一起。人们发现藕有多个孔，把肉末塞在孔中，就能让两片藕合在一起，这种做法由来已久。

传说有个厨师，他的儿子性格憨厚，喜好吃荤菜，讨厌素食，甚至连家家户户都吃的莲藕也不吃。厨师十分苦恼，后来终于想出一个好办法：把肉和藕放在一起制作。这不是简单地把肉与藕放一起蒸、炖、炒，因为这样藕与肉还是分离的，挑食的儿子会把肉挑出吃掉而把藕留下。他的做法是在两片藕里夹肉，裹上调好的面糊，炸得酥黄亮眼，这样藕中有肉、肉于藕中。儿子百吃不厌，后来竟然变得聪慧过人，还考中了秀才。于是，炸藕夹在四乡八镇传开了，人们纷纷仿效，给自己的孩子炸藕夹，希望孩子也像厨师的儿子一样聪慧上进，将来金榜题名。

“金碧辉煌”常被用来形容富贵的建筑，炸藕夹因色泽金黄，也与“发家致富”联系在一起。相传古时，有一位藕农靠种藕、卖藕为生，尽管辛勤劳动，却只能勉强糊口度日。有一天，他十分劳累，在藕堆旁睡着了。梦中一位白发老人飘然而至，和蔼地对藕农说：“你呀，守着金山却富不起来。”藕农忙问老人此话怎讲。老人随手拿起一节藕，右手一挥，一片片厚薄均匀的藕片从他手边滑落，掉在地上，顿时变成一堆闪闪发光的钱币。藕农看呆了，捧起一捧钱币，谁知钱币到了他手里又变成藕片。藕农连忙跪下请老人赐教。老人扶起藕农，教他制作藕夹的方法，然后就消失了。藕农醒来，按照梦中老人教的方法制作出香脆可口的藕夹，送给乡亲品尝，大家赞不绝口。后来，藕农开了一家饭馆，以炸藕夹为招牌菜，生意很红火，日子也一天天富了起来。

老年人戏称藕夹为“银洋钱”“金钱藕夹”，因为藕夹形状很像古时钱币。

藕是“偶”的谐音，寓意成双成对；夹则是“有子”的一种说法，寓意结婚生子、子嗣繁衍、香火旺盛。炸藕夹被赋予了勤劳致富、子嗣繁衍、孩子聪慧等美好内涵，因而在武汉广受欢迎，成为一道地方名吃。

过去，藕夹还用于祭奠亲人。据《汉口竹枝词校注》载，清代光绪年间，人们就“用藕二片，和以面粉，名藕夹，皆以油炸之。惟烧包袱有此物”。烧包袱是民间祭祀祖先的一种形式，主要在清明、中元节进行，通过焚烧纸钱等纸制品（包袱）来表达对逝去亲人的怀念。由此可见，这种食物在当时是上佳的美味，所以被用来敬献给先祖。如今，逢年过节，武汉家家户户会制作炸藕夹，除自家食用之外，还会馈赠亲朋好友。

三、连刀切出蝴蝶片：藕夹的制作方法

看似简单的藕夹，制作起来却有些讲究。首先要选用颜色正、形状圆的藕。这样的藕含有丰富的水分，口感脆嫩，略带甜味。将藕洗净削皮，用刀切成蝴蝶片，一般厚度为5毫米左右。每两片藕间不能切断，所留的厚度和藕片粘连宽度差不多。切好的蝴蝶片放入清水中，加一点盐，防止变色。

猪肉要肥少瘦多，切成肉末，不能太细，因为太细的话会黏口。用料酒、盐、胡椒粉、葱姜末、生抽、五香粉腌制入味。藕片沥干水分后，把肉末均匀抹在两片藕上，放入盘中。注意，不是直接把肉塞入两片藕中间，因为那样肉末容易漏掉。

调制加入鸡蛋的面糊，搅拌到能用筷子挑起就可以了。将藕夹放入面糊中，拖糊均匀后入锅炸制。油温不可过高，不然容易炸煳，用长筷子翻动，炸至双面金黄即可捞出。

炸藕夹要趁热吃，所以一般是现炸现吃。放凉后藕夹不再酥脆，即使复炸也会使它失去了香味。有的地方不把藕夹炸熟，而是炸至定型后用来蒸着

炸藕夹流程图

吃的。如今，武汉的炸藕夹种类越来越多样，有的将猪肉换成鱼肉、虾肉等，有的还把它做成年轻人喜爱的“酷形藕夹”。无论怎么变化，炸藕夹总是受到武汉人的喜爱，因为它富有地方特色且寓意美好。

（撰稿：李明晨）

至“鳝”至美，酱香楚韵
——红烧鱼乔

湖北地区水域广阔，水产资源极为丰富，自古以来便形成了以水产为本、鱼菜为主的饮食基调。这里的人们深谙鱼肴烹饪之道，将新鲜的鱼类与各种时蔬巧妙搭配，创造出丰富多样的鱼菜料理。无论是家常的简单小炒，还是宴请宾客的精致佳肴，鱼总是湖北人饮食中不可或缺的角色，彰显着独特的楚味风情。

红烧鱼乔

一、源远流长：探索红烧鱼乔的历史足迹

红烧鱼乔，又称红烧鳝鱼桥，是武汉地区的传统名菜。其独特之处在于鳝鱼段烹熟后，弯曲得同拱桥一般，因此得名“鱼桥”，俗称“鱼乔”。

红烧鱼乔的历史，可追溯至明清时期。当时，武汉地区社会经济发展较快，人民生活水平逐步提升，对食物的需求也从简单的饱腹转向了追求口味的满足，凭借得天独厚的水路之便和丰富的水产资源，逐渐发展出了以鱼类为主要食材的独特烹饪风格。渔民们捕获新鲜的鱼类后，辅以当地丰富的调料，通过各种烹饪技法，使得鱼肉的美味得以充分展现，既满足了营养的需求，又极大地提升了食物的美味程度。选用新鲜鳝鱼精心烹制的红烧鱼乔，更是肉质鲜嫩、口感极佳、营养价值颇高，被誉为“端午鳝鱼赛人参”，无疑是湖北传统佳肴中的一颗璀璨明珠。

二、文化内涵与社会价值：红烧鱼乔的多维解读

红烧鱼乔，不仅令人垂涎欲滴，还具有丰富的文化内涵和深远的社会价值。它不仅仅是一道菜，更是楚地人民生活方式、历史传承和文化认同的生动体现。

从文化内涵来看，红烧鱼乔是江汉平原饮食文化的重要组成部分。它选料讲究，制作精细，充分展现了湖北人民对食材的精挑细选和对烹饪技法的独到见解。这道菜的制作技艺代代相传，不仅体现了楚地人民的烹饪智慧，也承载了深厚的历史和文化内涵。在武汉，红烧鱼乔常常与重要的节日或庆典紧密相连，成为象征丰收和团圆的传统菜肴。每当佳节来临，家家户户都会烹制这道美食，共享这场独特的味觉盛宴。

在社会价值方面，红烧鱼乔更是具有广泛的影响力。它是武汉餐饮业的重要特色，许多餐馆都以其为招牌吸引食客。这道口感独特的菜，不仅满足

餐桌上的红烧鱼乔

了人们的味蕾，也为本地餐饮业带来了可观的经济效益。同时，红烧鱼乔的制作和传承，也促进了就业和文化交流。许多厨师通过学习和掌握这道菜的烹饪技艺，实现了就业和创业的梦想。而红烧鱼乔作为楚地美食的代表，也吸引了众多游客前来品尝，进一步推动了旅游业的发展。

随着人们生活水平的提高和健康饮食意识的增强，红烧鱼乔也在不断适应新的市场需求和多变的消费者口味。进行创新和改进，不仅让这道菜焕发出了新的生命力，也让更多的人感受到楚地美食的独特魅力，进一步推动了楚地文化的传播。

三、江汉风味：红烧鱼乔，历久弥新

红烧鱼乔的制作过程，展示了厨师的烹饪技艺，体现了中华饮食文化的深厚底蕴。从选材到出锅，每一步都需要用心操作，确保最终呈现的不仅是一道美味的菜肴，更是一种美食体验。

处理好的鳝鱼段

装盘的红烧鱼乔

红烧鱼乔的制作过程颇为讲究。首先，需将新鲜鳝鱼宰杀，去其内脏，细心用清水冲去表面黏液，沥干水分后切去头尾备用。接着，剁成约 5 厘米长的段，每段中间的鱼骨亦需敲断，以便烹煮时更入味。随后，炒锅置火上，倒入适量清水，待水沸后，下入鳝鱼段略烫，以去除杂质和异味。烫好后，迅速出锅，用热水洗去浮沫，沥干水分待用。此时，炒锅再次置火上，加入适量的熟猪油，烧至四到五成热时，下入蒜瓣、姜片煸炒。待蒜瓣呈金黄色，散发出浓郁的香味时，加入切好的鳝鱼段。转大火爆炒约半分钟，使鳝鱼表面收紧并散发出诱人的香味。接着，加入白糖、料酒、陈醋、老抽、干辣椒、豆瓣酱和适量清水，调制出独特的红烧汁。待鳝鱼段开始变色时，加入食盐、鸡粉炒均匀，使调料味道充分渗入鱼肉中。然后转中火焖烧约 7 分钟，让鳝鱼段充分吸收红烧汁的味道。最后，加入蒜苗，大火收汁，撒入胡椒粉提味。待汤汁浓稠、鳝鱼段入味后，即可起锅装盘。

装盘后的红烧鱼乔，颜色酱红，香气浓郁，细腻滑嫩，滋味醇厚，与浓郁的红烧汁完美融合，每一口都充满了层次分明的鲜美滋味。它不仅仅满足味蕾，更是江汉风味与中华饮食文化精髓的生动体现，让人在享受美食的同时，也能体会到那份历久弥新的传统魅力。

四、味漫荆楚：红烧鱼乔的味觉体验

红烧鱼乔的特色，在于其不仅满足了味蕾的需求，还提供了视觉上的享受。特制的红烧酱料，包括酱油、糖、五香粉等多种调料，共同赋予了鳝鱼肉红棕色的外观，形成了油亮的光泽，让它格外诱人。酱烧技法使鳝鱼肉的纤维逐渐变软，油脂慢慢渗出，与调料融合，每一口都滑嫩可口，肉质紧实。鳝鱼肉缓慢吸收调料，既保留了鳝鱼的鲜味，也融入了多层次的调料味，达到了甜中带鲜、咸中带香的丰富口感。通过长时间的炖煮，鳝鱼肉与调料混合，散发出浓郁的香气。生姜和大蒜的辛辣味，能有效掩盖鳝鱼肉的腥味。而糖色的加入，则带来了微妙的甜味，与酱油的咸香相结合，形成一种独特的滋味。

从表层的香脆到内里的嫩滑，从入口的咸香到逐渐呈现的甜鲜，每一口红烧鱼乔都能让人感受到味道的变化，使得红烧鱼乔这道菜肴，吃起来像是经历了一段味觉上的旅程。

五、楚风今韵：红烧鱼乔的现代呈现

红烧鱼乔的现代改良是一个全方位的发展过程，它不仅体现在烹饪技术的精进上，更深刻地反映在食材与配料的创新应用之中。在坚守传统楚味的同时，现代厨师积极探索，利用新颖的烹饪技术为这道菜注入了新的活力，提升了层次感和营养价值，既保留了鳝鱼肉的完整与嫩滑，又确保了营养成分的留存，这对于追求健康饮食的现代消费者而言，无疑是一大福音。

除了烹饪手法的革新，现代厨师还巧妙地将多元化的食材融入红烧鱼乔之中，如采用有机蔬菜和天然调味料来替代传统的食材，不仅增添了红烧鱼乔的色彩和风味，还赋予了其更高的营养价值。更有厨师尝试加入人参、枸杞等补品，不仅丰富了菜品的味道，还提升了其滋补功效，完美契合了现代人对健康饮食的追求。

如今，红烧鱼乔的表现形式更加多样，从家庭聚餐到高端宴请，从街边小店到星级酒店，它都能以不同的面貌出现在食客面前。在高端餐饮场所，红烧鱼乔往往被精心装饰和摆盘，与精美的餐具和环境相得益彰，为就餐者带来全方位的美妙体验。而在日常的环境中，它则保留了更多的传统韵味，强调原汁原味，满足人们对家常美味的渴望。

红烧鱼乔通过不断创新与发展，不仅在味觉和营养上实现了升华，更在文化传承与日常生活中扮演了积极的角色。每一次品尝，都是对美味的完美享受，也充分体验了楚地美食的丰富多样与独特魅力。

（撰稿：田万津）

栗黄鸡嫩味香甜
——板栗烧仔鸡

任何一家餐厅的菜单或出版的各类菜谱，上面基本都有鸡肉类菜肴，而且这类菜肴占据重要的地位。中国人喜欢吃鸡肉，因为鸡容易获得，且营养价值丰富。鸡与“吉”谐音，逢年过节，各类宴席都以鸡肉为大菜。在武汉也有一道地方名菜与鸡相关，它就是“板栗烧仔鸡”。

板栗烧仔鸡

一、板栗粉甜

地处长江中游的武汉，自古就有“九省通衢”的美称，汇聚天下四方的货物，尤其是明清时期，汉口商业繁荣，被誉为“天下四聚”之一。武汉周

板栗

江汉鸡

边的人们纷纷到武汉谋生，也把家乡的特产带来，慢慢成为武汉名产。鄂东一带的人，把以罗田为中心的区域特产板栗带到了武汉，使它成为一些商铺的特色经营品种。清代汉口的街头巷尾便有兜售炒板栗的商贩，叶调元《汉口竹枝词》道："街头炒栗一灯明，榾柮烟消火焰生。八个大钱称四两，未尝滋味早闻声。"可见商贩多在晚上售卖炒板栗，价格还不菲，八个大钱才能买四两，看来当时板栗是有钱人家才吃得起的干果。

武汉的饮食特色兼具南北，板栗烧仔鸡这道名菜也是如此，因为选用的板栗色、香、味俱佳，兼有南方板栗的香味和北方板栗的甜糯，色泽亮丽，入口甘醇。除此之外，武汉人还看重板栗丰富的营养价值。现代营养学研究表明，板栗中含淀粉、蛋白质、脂肪、钙、磷、铁以及维生素 A、维生素 B、维生素 C 等物质。食板栗可以益气血、养胃、补肾、健肝脾，生食还可缓解腰腿酸痛，具有舒筋活络的功效。

武汉人喜食的板栗烧仔鸡，选用的是"江汉鸡"中的仔鸡。江汉鸡是湖北地区选育的体形较小的鸡，俗称土鸡，又以其羽毛多为杂色而叫麻鸡。它遍布江汉平原，1962 年被取名为江汉鸡。江汉鸡属小型蛋肉兼用鸡，羽毛紧凑，性情活泼，易受惊，能高飞，具有适应性强、善觅食、耐粗饲、产蛋较多、肉质良好等优点。

板栗烧仔鸡要选择肉质细嫩的鸡，江汉鸡中的仔鸡就能满足这种要求，其肉细嫩且营养价值丰富。鸡肉中蛋白质丰富，含脂肪、钙、铜、磷、铁、锌、烟酸、维生素 A、维生素 B1、维生素 B2、维生素 C 和维生素 E 等物质，具有温中益气、补虚填精、健脾胃、活血脉、强筋骨等功效，对营养不良、畏寒怕冷、乏力疲劳、月经不调、贫血等症状有很好的食疗效果。

板栗烧仔鸡将两种优质食材——特色板栗和江汉仔鸡结合在一起，不仅味美，而且综合了二者的营养价值。

二、旺火烹烧更美味：板栗烧仔鸡的做法

板栗烧仔鸡

板栗烧仔鸡之所以成为武汉人喜爱的地方名菜，是因为其好吃、有营养而且不难制作。其制作工艺如下：

1. 将仔鸡治净，头、爪劈成两半，胸翅部位切成 6 块，鸡腿剁成两段，鸡颈剁成 4 厘米的段，鸡肫破成 4 块（剞小方格花纹）其他部位切成 3 厘米见方的块。板栗在壳上用刀砍出“十”字形裂痕，放入沸水中用旺火煮 5 分钟，取出脱壳。

2. 炒锅置旺火上，倒入芝麻油烧至七成热，放入鸡块炸 5 分钟后捞起，倒出锅中油，加鸡汤、板栗、酱油、精盐、白糖等，用旺火烧 10 分钟，至肉块松软、板栗粉糯时，加熟

猪油、味精、葱白段，用湿淀粉勾芡，起锅装盘即成。

这道菜选择用仔母鸡，是因为仔母鸡的肉更为细嫩鲜香，与板栗的鲜香粉糯更搭配。要选用大个的优质新鲜板栗，脱壳后色泽黄亮。有的餐厅为了让这道菜中的板栗色泽更加诱人，还把脱壳的板栗过一遍油，这样板栗就变得更加黄亮。

三、进入寻常百姓家：板栗烧仔鸡的演变

板栗烧仔鸡究竟产生于何时、由谁创制，因不见具体文献记载，所以不得而知。有这么一个传说，说明它的“出身”不一般。

武汉所处的地域内有一个富豪，特别爱斗鸡，养了好几只大公鸡，每天训练公鸡。他养的公鸡特别凶猛，每次斗鸡，十有八九会赢。所以他对自己的“宝物”看得很严，他的女儿出嫁时想带走一只也没能如愿。后来有一次，女儿偷偷向母亲要了只鸡，藏在轿中带回家。不料被富豪发现，他就紧跟在女儿后面，一直追到女儿家。女儿知道父亲来了，立刻将鸡杀了，然后加入本地盛产的板栗为父亲做了一道菜。富豪尝过这道菜之后没有问鸡的事，而是追问这道菜是怎么做的，后来板栗烧鸡渐渐流传开来。

如今武汉也培育了优质板栗树，而且产量逐年增长。过去在汉口花八个大钱只能买四两的炒栗子，现今成为街头人人吃得起的零食。江汉鸡实现了大规模养殖，鸡也不再是逢年过节才吃上的稀有食物。过去只有富贵人家才能吃上的板栗烧仔鸡，已飞入寻常百姓家。

（撰稿：李明晨）

腌晾炕煎赛糍粑——糍粑鱼

糍粑是江南常见的食物，盛产水稻的地方也出产品质优良的糍粑。江南水域广阔，河湖池塘里生长着各种鱼类。你可能吃过糍粑，也吃过鱼，但很难将二者联系在一起，因为这是两种截然不同的食物，但武汉把二者联系在一起，产生了一道地方名菜——糍粑鱼。

干煸糍粑鱼

一、名字新奇有依据

糍粑鱼的名字很是惹人好奇，鲜嫩的鱼肉怎么和黏糯的糍粑联系在一起呢？有些人望文生义，将糍粑鱼解释为鱼和糍粑一起煎，将鱼的味道融入糍粑，就着鱼吃糍粑。也有人这样解释：把糍粑剁碎放入鱼肚中一起烧。糍粑鱼为什么叫这个名字，恐怕只有制作并吃过的人才能明白。

糍粑鱼的产生，应该与鱼的保存方法有关系。武汉是因水而兴的城市，长江及其最大支流汉江在这里交汇，形成了江汉朝宗的天下奇观。武汉市内湖泊众多，被称为“百湖之市”。这么广阔的水域自然是鱼等水生生物的乐土。渔民靠捕鱼为生，但不是每天都能把鱼卖掉。在没有冰箱的时代，鱼虾等水产品是不易贮存保鲜的，尤其是气温高的时候，水产品很容易腐烂，变得腥臭难闻，只能扔掉。

武汉夏天酷热，鱼更容易腐烂变质，人们就将鱼做成鲊。这是古代贮藏鱼虾等的方法，《释名》释“鲊”曰：“以盐米酿之如菹，熟而食之也。”小鱼小虾就直接腌制，裹上米粉，放在密封的陶瓮中发酵，能长时间不变质，吃的时候取出蒸熟或炒熟即可。大的鱼需要剁成块腌制，裹上米粉或直接埋在米中，放在密封的陶瓮中发酵，吃的时候取出煎着吃。

这样的鲊可以放几年而不变味，但是鱼的口感发生了变化，产生了软糯黏口类似糍粑的口感，于是有了糍粑鱼之称。所以说，武汉的这道名菜取名糍粑鱼是有着充分依据的。

二、腌制晾晒方有味

糍粑鱼的制作方法借鉴了鲊的做法。俗话说“樱桃好吃树难栽”，用来形容糍粑鱼并不为过，可以说，“鱼块好吃鱼难做”。

糍粑鱼的家常做法需要好几天时间，需要极大的耐心。一般选用大的草鱼或刁子鱼，重六七斤。刮掉鱼鳞，清除内脏，洗干净。有经验的老人会告诉你，要先给鱼做一下“按摩”，不能用刀拍，而是用双手把鱼浑身上下按一按，然后把盐在鱼身上抹均匀。大颗粒的粗盐咸度高，适合腌制大鱼。抹完一遍，过 5 分钟左右再抹一遍，然后裹上米粉。

腌制鱼块

晾晒鱼块

最好将裹粉后的鱼放在陶瓷缸里，一定要密封好。此后要静静地等待，在时间的流淌中，在无氧的容器里，鱼在盐的作用下慢慢发酵。等鱼充分发酵，闻起来没有任何腥味，就把鱼捞出来切成块，放在阳光下晾晒。

这时候顽皮的孩童就派上用场了，他们坐在晾晒鱼块的地方，过几分钟就挥舞几下顶端绑着塑料袋的长竹片驱赶苍蝇。天气好的时候，晾晒两天就差不多了。在阳光的照射下，鱼肉继续发酵，发出微微的臭味。等鱼块晾晒够了，发酵充分了，就可以烹饪了。

三、油煎红烧两相宜

如果鱼块上有脏物，就用清水冲洗掉，但不能将鱼块泡在水中。热锅凉油，将鱼块放在锅中，煎至双面金黄为佳，捞出。然后锅中再放油，放入葱、姜、蒜、辣椒等炒香，再下入煎好的鱼块和几片斜切的青蒜苗，翻炒几下就可以盛盘上桌了。

餐馆里的糍粑鱼制作起来就没有那么复杂了：

制作糍粑鱼的配料

煎制糍粑鱼

首先将洗净的草鱼剁成长 5 厘米、宽 3 厘米的鱼块，加精盐 3 克，姜片、葱白段各 5 克，拌匀腌制 12 小时后取出晾干。

然后炒锅置旺火上，放入芝麻油（100 克）烧热，将晾干的鱼块逐块下锅，煎至金黄色，加精盐、酱油、糖、姜末、黄酒、干辣椒末、清水（250 克），烧至汤汁浓稠时，淋入芝麻油，最后撒上葱白丝装盘。

在武汉，无论是家中还是酒楼餐馆，糍粑鱼都是受人喜爱的美味。

（撰稿：李明晨）

“珍蒸”有味，肉香莲子粉
——莲子粉蒸肉

“蒸”是楚菜极具特色的烹调方法之一。粉蒸肉是粉蒸菜中最受湖北人欢迎的一类，其鲜嫩多汁，口感滑润，入口即化，极具特色。莲子粉蒸肉作为武汉特色创新菜式，将莲子的粉糯与肉类的鲜美相融合，使菜肴的口味更加独特，层次感更加丰富，细腻丝滑而不油腻，清香淡雅中带有丝丝甜味，外观精美、色泽亮丽，让人垂涎欲滴。

莲子粉蒸肉

一、鲜香扑鼻，色香味足

武汉蒸菜以其丰富多样的原料闻名，各类畜禽肉、水产品和蔬菜都被武

品种丰富的蒸菜

汉人用来蒸制，可谓名副其实的“万物皆可蒸”。粉蒸肉便是其中较为突出的菜品，是武汉菜肴的招牌之一。其中米粉的制作十分讲究：先将大米放在锅中以微火烘烤至微黄，加入花椒、八角和桂皮，冷却后加工成粉状，这样制作出的米粉不仅口感细腻，而且有着香料的味道。畜禽肉类选择较粗的米粉，水产品则选用较细的米粉。不同的原料，切法各异，有的切末、切丝、切块，有的则保持原状以尽可能地保留食材的原汁原味。

武汉蒸菜集稀、滚、烂、淡于一身，兼具色、香、味、养的特点。在武汉街头巷尾的地道菜馆中，都能见到蒸菜的身影，尤其是粉蒸肉。如连锁店丽小馆·蒸爱湖北就是一家专做蒸菜的美食店，店内强调：“万物皆可蒸，现蒸更好吃，粉蒸是头牌。”店内最受欢迎的招牌菜便是传统酱油粉蒸肉。再如三十多年专做粉蒸肉的武汉老店——楚李记蒸肉，不仅有“蒸肉全家福”，也有专门的单人粉蒸肉套餐，物美价廉。粉蒸肉肥瘦相间，入口后秘制调料的香味在口腔内蔓延开来，让人回味无穷，百吃不厌。在一些综合性较强，不以某一种菜品或烹制方式为主的湖北老菜馆中，粉蒸肉也占有一席之地，如艳阳天·非遗楚菜、珍满意地标美食甄选店等。

二、莲宴华章，佳肴珍馐

李时珍在《本草纲目》中赞誉莲子“补中养神，益气力，除百疾。久服，轻身耐老，不饥延年”。历代盛宴上莲子佳肴丰富无比，如《武林旧事》中的宋高宗御宴，《西游记》中的“天厨”盛宴，以及《红楼梦》中贾府的盛宴，莲子肉、干蒸莲子应有尽有，而莲子汤更是压轴菜，形成了“无莲子不成席”的盛景。在古代人民长期的辛勤劳作和生活中，许多与莲子相关的独特美食被逐渐发掘，制作方式各种各样，不仅可以清炒、炖煮、煨烩，还能用来拔丝、制作蜜汁，甚至碾成莲子粉制成莲蓉馅等。

传统粉蒸肉制作技艺并不很复杂：先将早稻米清洗干净，沥去水分，与八角、桂皮等香料在铁锅中炒香并研磨成粉。新鲜的五花肉则被处理成块状后，用酱油、糖和五香粉拌匀，然后与米粉混合，加少许水让米粉湿润，确保每块肉都裹上厚厚的米粉。最后隔水蒸制，至筷子能轻松扎穿肉块。莲子粉蒸肉则更胜一筹：将泡好的莲子取芯后平铺，再将裹好米粉的肉铺在莲子上。上火蒸熟后，肉块混有莲子的清香，肥而不腻，莲子也口感极佳。从配料到工艺，经过百余次的精细调试，成就了今日这款别具一格的莲子粉蒸肉。

莲子粉蒸肉作为创新菜式，充分发挥了莲子在菜品中增色、增香、增味的优势，在以莲子为原材料的菜谱上又添了重要一笔。莲子粉蒸肉除了对肉的要求极高，对米粉和莲子的选取也极为考究，米粉取自仙桃和天门，莲子源于洪湖。湖北优越的生态环境，不仅孕育出“仙桃香米”等大米中的佳品，还为当地饮食文化带来了新的元素，即以稻米碾成的干粉为基础制作的蒸菜米粉。洪湖莲农采用无公害技术，生产出清甜可口、营养丰富的莲子，每一颗莲子都饱满圆润、皮薄肉厚、清香甜润。

三、地标美食，武汉特色

2023年6月6日，在湖北三五醇酒店举行卢大师莲子粉蒸肉产品发布会，这可是一场武汉美食传承与创新融合的盛宴。中国烹饪大师、湖北经济学院教授卢永良，面向全国推出代表武汉美食的预制菜——莲子粉蒸肉。

这款创意十足的莲子粉蒸肉，融合了仙桃籼稻、天门粳稻和洪湖莲子等湖北特色食材，充分展现了武汉菜系兼容并包的特征。经过反复研究，每一道工序都严格把关，经四千多次取样，肉片的厚度最终定格在了7.7毫米厚、9厘米长；其配方和工艺，经过一百多次的调试才成。

莲子粉蒸肉

这道莲子粉蒸肉香气扑鼻，口感糯而香，肥瘦相间，色泽红白分明，肉质嫩而不腻，米粉色泽光亮，无不让人感叹其精湛的烹饪工艺。在家中只需加热15分钟即可享用，方便快捷，营养丰富，美味可口。

武汉美食要走向更广阔的市场，需要与其他菜系深入交流，登上全国和国际舞台。这一进程需要产业化、标准化、规模化、品牌化、连锁化的推动，卢永良的莲子粉蒸肉为武汉菜的发展树立了良好的典范，有助于武汉美食走出去，将成为武汉美食走向全国的新起点。

（撰稿：黄倩雯）

醇香味美，滋补人生
——砂锅瓦沟牛肉

说到砂锅牛肉，武汉人肯定十分熟悉，这是从小到大常会吃到的菜。而砂锅瓦沟牛肉，则专门选用牛瓦沟这一部位制作而成。牛瓦沟是牛的腹部与肋骨间的肉，一般连皮带筋，有的还带少量牛油，吃起来韧而不柴，皮和筋又能提供绵软爽滑的口感，用武汉传统的手法烹饪，口感丰富。

砂锅瓦沟牛肉

一、汤还是菜

据考察，砂锅瓦沟牛肉原是汤，它和武汉知名老字号煨汤馆“小桃园”

有着很深的渊源。小桃园最初叫“筱陶袁”，推出的两个单品就是牛肉汤和八卦汤。

“筱陶袁”由陶坤甫、袁得照共同创办，两人原本是汉口天主教堂医院的厨师，陶坤甫负责西餐，袁得照负责中餐。1944 年美军轰炸占据武汉的日军，把医院炸毁，两人也就失业，于是搭伙在胜利街、兰陵路路口的一片废墟上搭个小棚子，尝试着卖豆浆、面窝之类的小吃，但生意惨淡经营不下去。两人发现，大智路铁路边上有一家小吃店，经营牛肉汤、八卦汤（乌龟汤），生意很好，老板也曾在大机构担任厨师。陶、袁二人心想：我们也有同样的手艺，何不改换“赛道”，也来做做煨汤生意？于是从牛肉汤、八卦汤入手，两人生意越做越好，一发不可收拾。后来，陶、袁二人被誉为武汉第一代“煨汤大王”。

据后人回忆，“筱陶袁”用铫子煨炖出来的牛瓦沟萝卜汤，汤汁鲜亮，牛肉软烂入味，萝卜绵软，风味独特。

随着时代变迁，20 世纪 90 年代的砂锅瓦沟牛肉又有了新变化。小桃园第三代传人喻少林尝试对传统煨汤技法进行创新。以前，这道菜油很多，味很浓，但是现在年轻人讲究饮食健康，不喜油腻，因此喻少林调整原料配比，在保持汤浓郁口感的同时减少用油量。喻少林保留了武汉做汤先炒后煨的经典工序，先炒牛骨，加满水，再放入牛瓦沟肉及各类酱料，一锅要煨 3 个多小时。这样煨出来的牛瓦沟熟而不散，有一定嚼劲但不柴，汤的味道也足。

发展到今天，也有一些馆子用红烧、黄焖的做法处理牛瓦沟，烧制好后用砂锅端上桌，好像是受到湖南、江西风味的影响，做成了红油鲜香、热辣滚烫的样儿。当然，更多的馆子坚守传统做法，较有代表性的是“汉煨”，它打出“文武炭火老铫子，重拾武汉老味道”的招牌。“汉煨”针对煨汤过程中的各项技术指标，通过上千次的测定，总结出“文武火力和恒温控制合计 9 小时”的制作标准。“夏氏砂锅”经营砂锅瓦沟牛肉，菜单上叫滋补牛肉砂锅，汤清油黄，十分诱人。而且，砂锅中的萝卜晶莹剔透，入口即化，可谓“琼瑶一片，嚼如‘热’雪”。

二、演绎出不同色彩的家常菜

砂锅瓦沟牛肉不是一道多么复杂的菜，寻常人家就能做得有模有样，主流做法有两种：一是清炖，汤色透亮，冬天喝上一口，暖人脾胃；二是红烧，汤红油亮，汤汁浓郁，又多了一层调料带来的香气，用汤汁泡饭也能带来莫大的享受。

制作清炖砂锅瓦沟牛肉，首先要准备好主辅材料：牛瓦沟 1000 克，水萝卜或青皮萝卜 1250 克，开水 2500 毫升，盐 25 克，姜 5 克，花椒 3 克，干辣椒 3 克，胡椒粉 5 克。

牛瓦沟切成麻将大小的块儿，放进篓子冲洗几遍，再用水浸泡，把血水泡出来，中途需要换水，直到浸泡的水是清亮的，就可以焯水。

起锅加油，加入姜片、花椒、干辣椒，炒香后放入牛瓦沟煸炒，炒到表

清炖砂锅瓦沟牛肉

面微微焦黄即可。炒完后放入砂锅，加开水，煮开后转小火慢炖两小时，然后加入萝卜，再炖 30 分钟左右。最后加盐和胡椒提味即可。

烹饪红烧砂锅瓦沟牛肉，首先准备好牛瓦沟 1000 克，萝卜 1250 克，生姜 5 克，大蒜 5 克，桂皮 2 克，香叶 1 克，干辣椒 3 克，花椒 3 克，料酒 30 毫升，豆瓣酱 35 克，生抽 15 毫升，山楂 5 克，清水 2000 毫升，食盐 4 克。

接着给牛瓦沟焯水。牛瓦沟冷水下锅，加料酒去腥，煮开后撇去浮沫，捞起备用。

然后热锅加油，放入生姜、大蒜、桂皮、香叶、干辣椒、花椒等炒香，倒入牛肉，翻炒均匀后加料酒，收干水分，炒出香味，再加入豆瓣酱、生抽，炒出红油。倒入适量清水，可加几片山楂帮助牛肉更快软烂并减少油腻感，用高压锅压 30 分钟左右。转至砂锅，倒入切好的萝卜，煮 20 分钟左右即可。

红烧砂锅瓦沟牛肉

三、丰富的营养价值和独到的家乡味道

牛肉本身营养价值极高，富含钙、铁、磷、氨基酸、维生素 B1、维生素 B2 等营养元素。古有“牛肉补气，功同黄芪”的说法，而现代营养学研究也表明，牛肉中所含的氨基酸十分符合人体需要，对生长发育、病后调养及手术后补血和修复组织等方面有较好功效。和牛瓦沟一起炖煮的萝卜更不用多说，人们一直认可它的营养价值甚至药用价值，不然也不会有“冬天的萝卜赛人参”“萝卜上了街，药铺没买卖”这样的俗语。二者结合起来，有滋养脾胃、补中益气、强筋健骨等功效。

不同食材做出来的汤味道当然是不同的，砂锅瓦沟牛肉给武汉人提供的是一种迥异于排骨藕汤的独到味觉记忆。牛瓦沟连皮带筋，韧而不柴、爽滑可口的口感，更是让武汉人印象深刻，无论是在家乡还是异乡，来上一碗，都是绝佳的享受。

（撰稿：宋博文）

油淋蒸鱼声回响
——炮蒸鳝鱼

靠山吃山，靠水吃水。武汉地处江河湖汉纵横的江汉平原，水产丰富，人们利用这些水产品，制成鲜香的美食，其中一道美味比较独特，它就是炮蒸鳝鱼。

炮蒸鳝鱼

一、滋补佳品：黄鳝

炮蒸鳝鱼选用的主要原料是营养丰富的黄鳝。黄鳝属于合鳃鱼科，民间

黄鳝

称鳝鱼。其体形细长，呈蛇形，生活在小河、小溪、池塘、湖泊等水体的淤泥中。

黄鳝本身的营养价值很高，民间流传着“冬吃一枝参，夏吃一条鳝”的说法。黄鳝一年四季均产，但以小暑前后最为肥美，武汉有“小暑黄鳝赛人参”的谚语，这是人们长时期生活经验的总结。

根据传统医药典籍的记载，黄鳝肉性味甘、温，有补中益血、治虚损、滋补肝肾、温阳健脾、祛风通络等功效。现代营养学研究表明，黄鳝含有丰富的二十二碳六烯酸（DHA）和卵磷脂，它们是构成人体各器官组织细胞膜的主要成分，而且是脑细胞成长不可缺少的营养，故食用黄鳝有补脑健身的功效。黄鳝还含有丰富的维生素 A，常食可以改善视力。

二、原料易得品质佳

炮蒸鳝鱼要选用优质黄鳝，武汉及周边地区能源源不断地提供所需原料。黄鳝散见于湖北各地，在江汉平原一带尤多，监利黄鳝和仙桃黄鳝较为知名。这两个地方都临近武汉，运输非常方便快捷，能把新鲜的黄鳝保质保量地运到武汉。

监利生态环境优良，是“中国黄鳝特色县”“中国黄鳝美食之乡”，该地区的黄鳝生长速度快、抗病能力强、饵料系数低、不钻泥，又有肉质嫩、骨脆、花斑清晰等特点，名扬海内外。

仙桃有“中国黄鳝之都”的美誉，现有全国最大的黄鳝交易市场、全国最大的苗种繁育基地和全国最大的黄鳝物流中心。

三、名菜出自名厨

黄鳝形体细长，像蛇，胆小的人不敢抓黄鳝。黄鳝身体上有黏液，十分滑溜，不易被抓住，加上黏液土腥气重，还含有微量毒素，因此宰杀黄鳝需要胆量和智慧，用以制作菜肴更难出彩。受人喜爱的黄鳝菜肴，制作时需要高超的技艺，炮蒸鳝鱼这道名菜就出自一位名厨之手。

据传，炮蒸鳝鱼是由慈禧赏识的名厨李天喜创制的。李天喜在京城最初是做老乡周树模的家厨。周树模是光绪进士，过惯了厉行节约的生活，习惯了家乡清淡的饮食口味。周树模招待客人时，李天喜总是使出浑身解数精心制作菜肴，既能节省开支，又能令客人满意。李天喜做菜好吃一事就被“老佛爷”慈禧太后知晓了，她特地下懿旨宣李天喜进宫做御膳。李天喜把原本极其普通的江汉平原蒸菜摆到了慈禧和光绪帝面前，光绪帝吃后龙颜大悦，当即授予李天喜官衔，赐顶戴官服，还要留他做御厨。聪明的李天喜见好就收，找了个要伺候父母的理由衣锦还乡。回到家乡后，李天喜依然做厨师，办起了“天喜酒楼”，把从京城带回的厨艺融入蒸菜制作，创制了“炮蒸鳝鱼”。这道菜肴由沔阳一带的饭馆传入武汉，成为在武汉流行的地方菜肴。

四、方法不一味皆美

炮蒸是江汉平原蒸菜的一种技法。其实“炮”是一个中药术语，指的是把药物放在高温铁锅里急炒，使其焦黄爆裂，在此过程中有的药材会发出响亮的声音，所以叫作“炮”。作为烹饪术语，指的是把动物类食材带着毛炙烤。《说文解字注》曰：“（炮）毛炙肉也。炙肉者，贯之加于火。毛炙肉，谓肉不去毛炙之也。”《礼记·内则》曰：“炮之，涂皆干。”郑玄注曰：“炮者，以涂烧之为名也。”

无论是烤，还是烧，都无法解释炮蒸，因为炮蒸既不是先炙烤再蒸，也不是先裹烧再蒸。关于为何叫作炮蒸，大体有两种说法。一是把原料裹上米粉后用大火蒸透，类似于《礼记》中的“炮豚”“炮牂”的做法。二是在蒸熟的菜肴上淋入滚热的汤汁时，发出噼里啪啦的声响，好似鞭炮的声音。第

新派楚菜炮蒸鳝鱼南瓜盅

二种说法比较令人信服，但第一种说法也表明炮蒸技法由来已久。

武汉的炮蒸鳝鱼传承了“沔阳饭店”等沔阳餐馆的做法。选用武汉、监利、仙桃等地出产的优质黄鳝，大小适中（一斤半左右）。

辅料是米粉，但不要太细，而是颗粒状的，这样高温蒸出的鳝鱼块才不会黏成一团。更不要用面粉，裹上面粉的鳝鱼不仅互相粘连，而且香气没有米粉浓。

调味料丰富，有食盐、姜末、老抽、生抽、米醋、蒜泥、葱花、味精、

淋上热油

胡椒等。这是为了让鳝鱼块入味，口味丰富。姜末、酱油、米醋、蒜泥、胡椒等既具有调味的功用，又具有去腥杀菌的作用。所以鳝鱼块要用这上述调味料腌制后，才上笼复蒸。

具体做法：首先是剖杀鳝鱼，剔除鱼骨，剁掉头尾，洗净，改刀成长 8 厘米左右的段，用米粉拌匀，入笼用大火蒸。

其次是将初步蒸制的鳝鱼段加入食盐、米醋、生抽、老抽、姜末等调味，整齐码入碗中，在笼中蒸制 10 分钟左右，取出扣入盘中，撒上蒜泥、葱花，浇上热油即成。浇热油是炮蒸鳝鱼的点睛之笔，能让蒸熟的鳝鱼块更香。很多食客在吃这道菜时，往往去制作的地方听一听浇热油的声响，然后发出炮蒸鳝鱼名不虚传的赞叹。

用这种方法蒸出的鳝鱼，滚烫细嫩，回味悠长，咸鲜适中，酸中透香。

（撰稿：李明晨）

白若玲珑玉，佳味藏于泥
——清炒藕带

“红衣落，皎洁出污泥。冰玉肌肤浑不染，玲珑心孔却多丝。缕缕系相思。”这是清代熊琏《望江南·咏藕》描写莲藕的诗句。藕带就是藕的“同胞兄弟”，在武汉的夏天是一种常见的时令蔬菜。武汉的初夏之味，全在一盘藕带里。

藕带

一、历史悠久的“水中人参”

藕带，又称藕丝菜、银苗菜，别名藕尖、藕梢、藕苗或藕肠子等。所谓藕带，就是莲藕的幼嫩根状茎，由根状茎顶端的一个节间和顶芽组成。和莲藕相比，藕带的口感更加清脆，而且特别鲜甜，可以生吃，“水中人参”是人们对其营养价值的形象赞美。

采食藕带，自古有之。古代关于莲藕的记载非常多，较早关于藕带栽培的文字记载，可以追溯到《诗经》：“彼泽之陂，有蒲与荷。”《管子》讲道：“五沃之土生莲。”李时珍《本草纲目》写过的“藕丝菜”，就是现在大家所说的藕带，“甘，平，无毒”，“生食，主霍乱后虚渴烦闷不能食，解酒食毒。功与藕同。解烦毒，下瘀血”。简单来说，藕带有四个功效。第一个功效是清热凉血，藕带味甘多液，可治疗热性病症。第二个功效是健脾开胃，藕带的清香能够让人增加食欲。第三个功效是益血生肌，藕带含有丰富的微量元素，如铁、钙等，有利于增强人体免疫力。第四个功效是止血散瘀，收缩血管。

藕带作为莲藕的幼嫩形态，粗细和手指差不多，吃起来嘎嘣脆。一般来说，收获藕带要趁早，大概在初夏时节，趁莲藕还在生长时期，就把根茎抽出来，就成了武汉人夏天餐桌上必不可少的美食。

二、初夏的第一口鲜嫩脆爽

藕带被誉为“初夏第一口鲜嫩脆爽”，它是为数不多能代表武汉夏天味道的蔬菜。因为它的供应季很短，这份美味便显得弥足珍贵。没有藕带的夏天，不是完整的夏天。武汉的夏天湿热，在这样的天气里，如果吃上一盘清炒藕带，不仅能够让你胃口大增，还可以解热，让身体充满能量。每年藕带上市的时候，到处都是它的身影。摊贩会将藕带放在水盆里，还要不停换水，以保持其新鲜。买藕带也是有技巧的，整体洁白的那种是新鲜又脆嫩的。如果看到这种藕带，请不要犹豫，立刻买下它。从湖里出来的藕带，鲜味保存期限以小时计，称得上“朝生暮死”。

湖北出产莲藕的地方很多，江汉平原湖港河汉均有栽培，其中一个盛产藕带的地方，就是武汉市蔡甸区。蔡甸种藕的历史长达千年，被誉为“中华

蔡甸藕塘

莲藕第一乡”。武汉有句俗话“一盘菜，三根藕，一根产自蔡甸田头”，足以说明蔡甸莲藕的“江湖地位”。值得一提的是，蔡甸莲藕也是国家地理标志保护产品，在武汉乃至中国市场上都有自己的“席位”。

藕带是武汉家喻户晓的水生蔬菜，食用它的历史据说已经有上千年，清代文人李渔赞：“论蔬食之美者，曰清，曰洁，曰芳馥，曰松脆而已矣。”藕带味道脆嫩清甜，是大家非常喜欢的菜。藕带吃法多种多样，烹法五花八门，炒、拌、煎、蒸、炸、熘皆可，最有名的还是清炒藕带。

三、藕带令味蕾满足的秘密

藕带的做法多种多样，新鲜的最适合用来炒，不论搭配什么都会“鲜掉眉毛”。餐桌上一盘鲜嫩欲滴的清炒藕带，足够俘获每位食客。清炒藕带的做法是很简单的，靠着藕带本身的鲜美，简单炒制一下就非常好吃了，现在就看一下如何做一道美味的清炒藕带吧！

选择新鲜的藕带，最好是带有嫩头的藕带。藕带清洗一下，切成适当大小的片或段。再反复清洗几遍，不仅能有效去除藕带上的污垢，还可保持藕带的清爽。

清炒藕带

还要准备好生姜、干辣椒，生姜的作用就是去除藕带的腥味，还可以清热生津。锅里下油，油热下入干辣椒、生姜末爆香，将藕带下锅，开大火翻炒均匀，放半勺糖提鲜，加大半勺盐，从锅边淋入少许酱油，翻炒 1 分钟后加入少许醋，翻炒几秒，关火起锅。一定要注意控制好火候，大火快炒可避免长时间翻炒导致藕带变色。最后可以撒上一些葱花或香菜增加香气和颜色。清炒藕带色泽诱人，口感清脆爽口，既保留了藕带本身的甜味，又融入了辣椒的辣味，是一道非常美味的家常菜。

藕带斜着切，更容易入味，口感也会比较好。烹饪时，要加上半勺糖，主要是为了提鲜；放醋是为了丰富口感，还可保持菜品颜色。

藕带还可以做成各种各样的美食，例如凉拌藕带，做出来脆脆的，酸甜开胃。凉拌藕带是一道清爽可口的凉菜，具体做法如下：将藕带清洗干净，切成约 3 厘米长的小段。加入少量盐和白醋，加入清水浸泡 10 分钟左右，这样不仅可以去除杂质，还可以去除腥味。起锅烧水，水开后加入少量的盐，放入藕带焯水 2 ~ 3 分钟。出锅后将藕带放入凉水（冰水）中，使之更加爽脆。沥干水分，放入碗中，加少许香菜、蒜末或泡椒，适量盐、生抽、陈醋，最后倒入微微冒烟的热花生油搅拌均匀即可。凉拌藕带冷藏后食用，口感更佳、更开胃。

如果想把藕带和荤菜相结合，那必不可少的荤菜就是鸡胗。夏天来一盘鸡胗炒藕带，脆嫩的鸡胗配上爽口的藕带，香辣开胃又下饭，做法也比较简单。藕带用水冲洗一下，加入一小勺苏打粉泡10分钟。藕带洗净后斜着切片，放入碗中备用。加一勺盐、少许白醋和水浸泡藕带。鸡胗清洗干净后切片，加料酒、胡椒粉、生姜腌制10分钟。起锅加冷水，给鸡胗焯水，加葱、姜、白酒去腥，鸡胗变色后捞出来冲洗一下，然后沥干水分。起锅热油，下葱、姜、蒜爆香。接着倒入鸡胗大火翻炒，沿着锅边淋入一勺白酒，再加白糖、蚝油、豆瓣酱，迅速翻炒均匀。鸡胗炒熟后，倒入藕带翻炒2～3分钟，加盐、鸡精、胡椒粉调味，翻炒均匀，出锅前加一把葱花，好吃的鸡胗炒藕带就做好了。

鸡胗炒藕带

清炒藕带作为武汉的特色美食，不仅能够满足味蕾、填饱肚子，更是一种文化的象征、一种情感的寄托。每个地方的特色美食都是无法被替代的。在这个快餐盛行的时代，留意一下家乡的特色，细细品味一下家乡的味道，又何尝不是一种放松呢？

（撰稿：钱宇通）

第二章

武汉名点（小吃）品味

香味四溢满江城
——武汉热干面

素有“九省通衢”之称的武汉，交通便利，商贾云集，为适应各地人的不同口味，武汉的小吃品种繁多，各具特色，其中最普遍而又最具特色的，是武汉的热干面，它与中国山西的刀削面、北京的炸酱面、四川的担担面、两广的伊府面齐名，合称“五大名面”。

武汉热干面

一、偶然中诞生的传奇

迄今为止，热干面已有近百年的历史，据说它是在一个偶然情况下产生的。

在20世纪20年代末，汉口长堤街住着一个名叫李包的人，他每天在关帝庙一带卖凉粉和汤面。做小本生意的人，特别注意进货、出货数量，生怕亏本。但武汉是个出了名的“火炉”，夏天天热时食物更易变质。李包虽然很小心地计算每天的进货、出货量，但有一天临近傍晚，面条还是没有卖完。李包担心面条发馊变质，就把面条用开水煮过后摊在案板上，想保存到第二天再卖。忙乱中，一不小心碰倒了麻油壶，麻油全泼洒在面条上了，散发出阵阵香气。李包懊恼之时又灵机一动，索性将所有的面条与泼洒的麻油拌和均匀，再摊晾在案板上。

第二天早上，李包将拌了油的熟面条放在沸水里烫几下，滤过水后放在碗里，再加上卖凉粉所用的芝麻酱、葱花、酱萝卜丁等，把面条弄得热气腾腾，香气扑鼻，可谓三鲜俱全，诱人垂涎。周围的人们涌了过来，争相购买，吃得津津有味，个个赞不绝口，都说从来没吃过这么美味的面条呢！有人问李包这叫什么面，李包不假思索，脱口而出：“热干面。”又有好事者打听是从哪里学来的，李包认真地说道：“这是咱自己独创的。”此后，李包便专卖热干面，后来便有许多人向他学艺，经营热干面的人越来越多。吃过热干面的人，均被其美味所折服。一传十，十传百，热干面由此开启了它在武汉的传奇。

二、小食材做出“大”味道

以最简单的材料、最简单的方法烹制出美味食物，这才是烹饪的最高境界。热干面就是以简简单单的面条，加点葱花、盐、酱油等调料制成的美味。因为热干面极具平民色彩，作为寻常人家的早餐，在自家厨房就能做得有声有色。具体制作方法如下：

首先准备主辅料：（按10碗计）面粉1000克，食用盐8克，食用碱4克，清水220克，酱油100克，香醋40克，胡椒粉5克，味精5克，芝麻酱150～180克，麻油50克，酱红、白萝卜丁各40克，葱花50克，绵白糖2克。

然后在酱油中按50∶1的比例溶入绵白糖，在芝麻酱中加入约四成麻油，拌匀备用。

面粉中加入食盐和食用碱（食用碱使用前一天用水化开），比例为250∶2∶1，揉合成面团，制成直径为1.5～1.6毫米的面条备用。

用大锅烧开水，每次下面约2千克，大火煮沸后加凉水，用长筷子上下翻动，防止面条成团。上盖煮沸，待面条出现透明质感即八成熟后起锅，快速淋凉水，沥干后摊在案板上淋上熟油（一般25千克面条淋1.5～2千克熟油），拌匀摊凉。

水沸后，用笊篱盛入约125克面条在沸水中来回浸烫数次，待面条熟透后迅速盛入碗中。

最后，在碗中加入酱油10克，香醋4克，胡椒粉0.5克，味精0.5克，芝麻酱15～18克，麻油5克，酱红、白萝卜丁各4克，葱花5克。一碗色泽黄而油润、酱汁香味浓郁、面条爽滑筋道的热干面就做好了。

吃热干面也是有一定讲究的，如果不喜欢太干的面条，可预备一小碗米酒。另外，热干面中最主要的调料是芝麻酱，它需要慢慢地拌均匀，这既是吃热干面的基本功，也是一道不可或缺的程序。芝麻酱只有在拌的过程中，才能被热干面的热逼出持久的香味。香味出来了，就不宜再拌了，否则香味会损耗。如此拌匀了再吃，香、咸、鲜、辣皆有了，再抿一口米酒，添上一丝清甜，米酒伴着热干面缓缓进入腹中的感觉实在妙极！

三、热干面：武汉人的独特情怀与味觉记忆

没有到过武汉的人，大概只是听闻武汉人喜爱吃热干面，很难体会到热干面对于武汉人来说是怎样的一种存在。现在，在武汉经营热干面的大店小摊随处可见。由于武汉商业发达，生活节奏快，武汉人习惯用一次性纸碗。走在武汉的大街小巷，随处都能看到人们端着纸碗，有的步履匆匆，边走边吃；有的则随便蹲在路边，细嚼慢咽。看他们那种满足的神情，你难免会好奇纸碗中装的究竟是何许美味，当你走过去的一刹那，诱人的芝麻酱香便瞬间蹿入你的鼻腔，这时你往往会忍不住脱口喊出："呀，热干面！"这时吃面的人会抬头冲你一笑，颇有心照不宣的幸福与满足在里面。

武汉人习惯把吃早餐叫作"过早"，意思是吃了早晨这一餐，这一天的"早"才算"过"了，可见武汉人对早餐的重视。而热干面就在武汉人的"过早"中充当了绝对的主角，可以毫不夸张地说，与江城清晨的薄雾一起飘荡的便是碱水面条芝麻酱的味道。武汉每天都是在热干面的香气氤氲中醒来的。这往往会令北方人惊诧不已：热干面不带汤不带水，干巴巴的，怎么大清早也吃？如果你问武汉人这个问题，有趣的是他们也会颇为惊诧地问你怎么会产生这样的疑问。对于武汉人来说，大清早吃热干面是那么理所当然，这就是一种习惯，不需要理由。更何况，正宗地道的热干面因为有芝麻酱等调料的佐助，吃起来也颇为爽口。

有人说，一个地方的风味，与当地的地域文化、水土气候密切相关。热干面大概便是如此。武汉因长江而兴，龟、蛇二山雄踞两岸，江水穿城而过。水与城的融合，山与水的交错，令武汉人的性格锋芒毕露；而武汉的气候，严冬冰天雪地，盛夏酷暑逼人，正因为有如此强烈的反差，才有了热辣、干爽、火爆的热干面。武汉人喜爱热干面，热干面与武汉人生性耿直、豪情万丈的性格最契合。两者仿佛浑然一体，是如此的般配，如此的切合，这也是武汉人喜爱热干面的一个重要原因吧。

武汉热干面作为地方特色小吃，孕育出众多知名品牌。蔡林记、常青麦香园、大汉口、蔡明纬、赵师傅、罗氏牛肉热干面等，以独到的制面技艺和调料搭配，成为城市美食的代表。常青麦香园注重食材新鲜与口味独特，选用上等面粉，精心揉制，面条爽滑。调料搭配得当，使得每碗热干面都香气扑鼻。大汉口则以酱香浓郁、口感丰富著称，现代简约的店面设计营造出轻松的用餐氛围。蔡明纬致力于传承热干面文化，精选食材，多道工序打造鲜美营养的面食。赵师傅的特色在于独家红油调料，采用多种辣椒和香料熬制，色泽红亮，味道香辣，与劲道、有弹性的面条和丰富配菜相得益彰。罗氏牛肉热干面将牛腱子肉炖煮至鲜嫩多汁，与爽滑面条和醇厚芝麻酱相结合，令人回味无穷。这些店铺不仅是美食供应地，更是武汉人美食热情与传统坚守的象征。每家店铺都承载着独特的历史故事，为武汉增添了文化色彩，无论是本地人还是游客，都能在其中找到触动味蕾的记忆。

四、最香不过蔡林记

现在，武汉三镇大大小小的餐馆、面食摊子都有热干面供应，但是，吃热干面一定要选正宗的老字号，最负盛名的当然要数蔡林记了。在武汉甚至流行这样一句俗语："不到长城非好汉，到了武汉，不食蔡林记热干面，好汉也遗憾。"由此足见蔡林记热干面的魅力之大。

当年，蔡林记的掌门人不仅请来山西的书法家路达题写了"蔡林记"金字匾额，对面条的制作和酱料的调制更是追求精益求精。对和面、掸面、烫面、配料、制作芝麻酱等项目，反复加以改进，例如选用上好的精白面粉，和面时控准下碱量，变手工擀面为机器压面，反复轧出筋道光滑的细圆面条；面条小批量用旺火猛煮，刚熟就捞起，随即抖开吹凉，拌匀芝麻油，薄薄摊放 8 小时；烫面时用小笊篱，一次二两（100 克）左右，在沸水锅中来回浸烫，抖动五六次，使之熟透；作料中再添加小虾米和叉烧肉丁，用白胡椒粉取代

全料热干面

辣椒面，芝麻酱用小磨香油调匀，还要浇点香卤汁，并且用上了当时价格昂贵的味精。这样一包装，蔡林记热干面就“鸟枪换炮”，档次跃上一层楼：面条纤细秀美，根根筋道有嚼劲，黄亮油润爽口，香醇鲜美耐饥。它既不同于凉面，又不同于汤面，还有别于捞面，可以说，热干面的创制，使中国的面条家族又增加了一个风味特异的成员。

由于蔡林记的热干面不仅制作工艺独到，而且十分注重品种的更新，以满足更多消费者的需求。现在的热干面，有全料热干面、虾仁热干面、牛肚热干面、炸酱热干面等多个品种。另外，蔡林记热干面的特色口味，更是其他任何小吃都无法比拟的。黄色的油面、褐色的酱汁、绿油油的葱花，再来点红色的萝卜丁，用筷子拌匀了再高高挑起，香气扑面而来，耐嚼有味。难怪老武汉的食客曾发出“蔡林记的热干面——香喷了”的赞叹。

武汉有多家蔡林记热干面店面，户部巷的生意尤为火爆。这条历史悠久的巷子，名字源自明清时期主管钱粮户籍的布政使司（民间称为户部）衙门。如今，户部巷成为武汉小吃的象征，汇聚了豆皮、汤包、臭豆腐等众多特色

武汉户部巷蔡林记

美食。它紧邻黄鹤楼和长江，以其历史价值与地理位置每日吸引数以万计的游客前来品味美食与欣赏风景，这条仅 150 米长、3 米宽的小巷热闹非凡。

很多人去户部巷，是奔着蔡林记热干面去的。也可以说，去了户部巷，有一款小吃必会品尝，那就是蔡林记热干面，其生意火爆程度可想而知。一般来说，在蔡林记的店里吃热干面是找不到空位的，但这丝毫影响不了人们的热情，排队十几分钟无所谓，没有位子便端着纸碗随便找个台阶坐下，或者干脆站在路边大快朵颐。

其实，一家老店，不仅仅是一个商铺，也是一种地域文化的载体、一种特定文化的象征、一种牵动乡土情怀的称谓。蔡林记热干面大概就担负了这样一种感情，蔡林记热干面的铜像前，每天都有不少游人拍照，这是游客对热干面的肯定。

1999 年，蔡林记热干面荣获“中华名小吃”之美誉；2011 年，其独特的制作技艺更入选湖北省非物质文化遗产名录；2024 年，又被认定为“中华老字号”。这些殊荣不仅彰显了热干面的卓越品质，更提升了武汉人的自豪感与归属感。热干面，已然成为江城的一张亮丽名片，吸引着四海游客前来品尝。

2024 年，热干面荣获“武汉十大名点”的称号，这是对其多年来坚持传统、不断创新的最佳赞誉。每一口热干面，都饱含着对武汉的深深热爱，是对美好生活的热切追求与向往。

如今，武汉热干面已走出江城，迈向世界，蔡林记作为热干面的翘楚，更是积极布局海外市场，2023 年将荆楚美食带到新加坡，布局东南亚，并且在澳大利亚、北美、欧洲、中东等国家和地区均有雄心勃勃的开店规划，致力于将武汉热干面这一特色美食推向更广阔的世界舞台。武汉热干面不仅仅是一碗面食，更是文化的象征、情感的纽带。它融入了长江、汉水的灵韵，凝聚了武汉人民的精气神。提到武汉绕不开热干面，提到热干面就想到蔡林记，这三个名词紧密相连，无法分割。时代在变，但热干面的魅力与情怀，将永存不灭，绵延不绝。

（撰稿：姚伟钧）

金黄诱人，滋味丰富
——三鲜豆皮

江城武汉作为美食的天堂，拥有众多风味小吃。它们琳琅满目，各具特色，深受人们喜爱，而三鲜豆皮便是其中的佼佼者。这种小吃以其独特的口感和丰富的配料深得人心，不仅在国内备受推崇，在海外也有着不少支持者。其中老通城制作的三鲜豆皮，以其精湛的制作工艺和传统的味道，赢得了“首屈一指”的美誉，并入选湖北省非物质文化遗产名录。每当罗列武汉的特色小吃，老通城豆皮总是名列前茅，成为武汉一张亮丽的美食名片。

三鲜豆皮

一、“老通城”的起源

“老通城”原名“通成饮食店”，是1929年汉阳人曾厚诚在大智路路口开办的。因小店位于汉口城堡大智门外，是通向老城的必经之路，为城乡通道，故取名为“通成饮食店”。曾厚诚都不会想到，这家店在经历了近百年的风雨后，已成为一座城市弥足珍贵的记忆，承载、延续了他的生命。

1929年，年满44岁的曾厚诚，无法满足于沿街摆摊叫卖的小本买卖。当时大智路路口新建了一批房屋，胆大心细的曾厚诚在妻子的支持下，租下了三号楼的门面，开了通成饮食店。五十多平方米的店里设有六七个方桌，主要经营甜点及面食。

曾厚诚发现，不同的时段会有不同的客源，一天24小时都有商机：清晨是棉花厂的工人，中午则为普通市民及学生，晚上尤其是戏院散场时顾客更多。因此通成饮食店实行24小时营业制，由于服务周到，开店之初就实现了盈利，得到了不断发展的机会。

1931年是真正改变通成饮食店发展格局的一年。这一年，大水冲进武汉三镇，汉口全境没于水中。随处可见用门板做成的小舟，木板结成的木排、大大小小的跳板成了人们出行的必需品。当其他商家为汹涌而来的洪水发愁时，曾厚诚看准了商机，租了几条木船，划着船将肉包子用竹篙挑起卖给跳板上的行人。巨大的盈利，为他进一步增加经营品种提供了重要的资金保证。作为一个商人，他将危机转化为商机的能力体现得淋漓尽致。

也是在这一年，曾厚诚做了一个影响延续至今的决定——开始豆皮的供应。在当时看来，这仅仅是为了扩大营业规模而增加商品种类，谁也没有想到，小小的豆皮会成为通成饮食店的镇店之宝，并在二十多年后成就了一个家族乃至一座城市的荣耀。

1938年武汉沦陷，通成饮食店被炸毁，曾厚诚全家迁往重庆。1945年抗战胜利后，曾厚诚携家人从重庆返回武汉，几经周折在原址复业，扩充了

二、三楼的店面，请广东师傅做广东卤菜和叉烧、北京师傅做冰镇酸梅汤和北方点心，改招牌为老通成饮食店，以示其资格老、排面大，店铺再次焕发了生机。

二、“豆皮大王”的诞生

曾厚诚是经营饮食业的行家，重新开业以后，他认为再经营一般小吃不会有大起色，必须有“叫得响”的名产品撑住门面，才能使生意红火。几经打听探访，了解到曾在武汉工作的名厨高金安制作豆皮的手艺出众，便以重金聘用，以其拿手点心“三鲜豆皮”作为本店招牌产品，并在三楼高处安装“豆皮大王”霓虹灯招徕顾客，这一招果然奏奇效。

豆皮原是湖北农村的食品，传到城市后，用糯米、香葱作馅，很受食客欢迎。武昌王府口“杨洪发豆皮馆”开业于清同治年间，是武汉最早的豆皮馆，当时只出售油重、外脆、内软的豆皮，人称“杨豆皮”。

豆皮制作要求“皮薄、浆清、火功正”，这样煎出的豆皮外脆内软、油而不腻。高金安师傅之所以被称为“豆皮大王”，是因为他善于琢磨，在民间制作技术的基础上，经过精细改良，用大米和绿豆磨的浆烫成豆皮。最初配鲜肉、鲜蛋、鲜虾仁作馅，故以“三鲜豆皮”名之。后来在馅里又配有猪心、猪肚、冬菇、玉兰片、叉烧等，十分讲究，煎制出的豆皮表面色泽金黄，油光透亮，吃起来爽口且回味香醇。由于其选料严格，用料齐全，制作精细，形成了一种独特风味。老通成豆皮的独具一格，不是一朝一夕之功，也非一人一手之劳，而是经历了一个较长发展阶段，是博采众长的结果。正如高金安所言：“不能说武汉豆皮由我高金安首创，因为在我之前已有不少的同行前辈，我是吸取他们的经验，并有所改进。”

高师傅的手艺加上曾厚诚父子的经营，使老通成的三鲜豆皮在饮食界的风头一时无两。此时，老通成的另一位师傅，也就是在多年后为毛主席两次摊豆皮的曾延林也逐渐成长起来。如果说世事真有因缘际会的话，那么在曾厚诚与曾延林身上就体现得尤为突出。新中国成立前，曾延林已将摊豆皮的技术发展到炉火纯青的地步，帮助老通成成就辉煌。

与此同时，曾厚诚一家并没有因为安稳、富裕的生活而丧失革命热忱。解放战争期间，曾厚诚儿子曾照正因反对内战而拒绝到汉阳兵工厂当技术员，他还利用自己的有利条件，掩护中国共产党的地下工作者。新中国成立后，曾厚诚在工商联担任职务，长女曾子平由崇明县委书记调至汉口江岸区委工作，其他几个子女也都参加了革命工作。1953 年，曾厚诚因脑出血去世，享年 68 岁。他的后人没有继承家业，而是毅然将其遗产上交给国家。1956 年公私合营，老通成由江岸区零售公司接管，改称“老通成餐馆”。

三、“国营要更好地为人民服务”

真正使老通成豆皮美名远扬、驰誉国内外的，是新中国成立以后许多名人、要人的亲口品尝和赞扬。

老武汉人一直把老通成视为武汉的骄傲，因此有“不吃老通成豆皮，不算到武汉”的说法。武汉人都知道，豆皮虽有千家做，但要想尝到正宗地道的老汉口风味，还是要到老通成。老通成豆皮，也因为招待国内外名人而成为武汉引以为傲的名片。1958 年 4 月 3 日和 9 月 12 日，毛主席先后两次来到老通成品尝三鲜豆皮，留下了“国营要更好地为人民服务”的教导，这成为老通成店史上最光辉的篇章。刘少奇、周恩来、朱德、邓小平、李先念及金日成、西哈努克等中外领导人，在吃过老通成的豆皮后，都给予了极高的评价。许多外国贵宾参观、访问武汉时，都会光临老通成，品尝三鲜豆皮，至于海外华侨、港澳同胞及其他外地慕名而来者，更是难以计数。久而久之，老通成豆皮的名声越传越远。“文化大革命”时期，老通成餐馆曾更名为“东方红饭店”，后又更名为“武汉豆皮馆”，最后将“成”改为“城”，更名

大智路上的老通城老照片

为“老通城”并沿用至今。1989 年，老通城豆皮荣获商业部颁发的“金鼎奖”。2006 年，老通城豆皮制作技艺入选第一批武汉市非物质文化遗产名录。2008 年，老通城豆皮制作技艺入选第二批湖北省非物质文化遗产名录。

四、三鲜豆皮的制作方法

首先备好主辅料：糯米 700 克，大米 200 克，去皮绿豆 100 克，去皮猪肉 350 克，鸡蛋 4 个，水发玉兰片 100 克，水发香菇 25 克，卤香干 100 克，猪口条 100 克，猪心 100 克，江虾仁 50 克，熟猪油 175 克，绍酒 10 克，酱油 50 克，味精 5 克，食盐 30 克，清水 400 克，猪油 50 克。

接着将糯米洗净，用清水浸泡 5 ~ 6 小时，沥干水分，旺火蒸熟后待用。大米、绿豆浸泡后加入水，磨成 600 克细浆（越细越好）待用。将去皮猪肉和猪心、猪口条、香干一起卤熟，切丁。水发玉兰片、香菇切丁，

摊皮

铺上糯米并淋油

撒馅料

翻面

焯水待用。

然后将炒锅置旺火上，下熟猪油烧热，放入玉兰片丁和香菇丁，煸炒出香味，加入卤熟的猪肉丁、猪口条丁、猪心丁、香干丁和适量清水、食盐、绍酒、酱油、味精等，一起烧约 20 分钟，待其烧至熟透、汤汁渐干时，起锅待用。锅内加入猪油 50 克、食盐少许、清水 250 克，放入糯米饭炒匀，直至糯米饭入味。

然后将平底锅置火上，将适量米浆倒入锅中，摊成薄皮，打入鸡蛋抹匀，盖锅盖烙成熟皮，然后用铲子将熟皮四周铲松，翻面后撒上适量食盐、鸡精、胡椒粉，把糯米饭平铺其上，再在糯米饭上面铺匀馅料，最后将豆皮的四条边折上，包住糯米饭和馅料，制成豆皮生坯待用。

最后，将豆皮生坯皮面朝下放入锅中，沿豆皮边淋入适量熟猪油，边煎边切成小块，待豆皮呈金黄色时翻面再煎约 2 分钟，起锅装盘即成。

刚出锅的三鲜豆皮色泽金黄，形状方正，外酥内软，馅味鲜美。

武汉豆皮，有着悠久的历史、独特的制作工艺与丰富的营养价值，深深烙印在武汉市民与游客的心中。它不仅是一道美食，更是一种文化的传承与情感的寄托。

目前，武汉豆皮市场呈现多元化竞争格局。传统老字号如三镇民生甜食馆、老武锅豆皮、味美香豆皮等，凭借深厚的底蕴与独特的口感，拥有广泛的知名度和美誉度。同时，新兴品牌店铺如西大街豆皮大王、曾记豆皮大王、严氏豆皮等也崭露头角，以优质的服务和创新的口感吸引着消费者。这些店铺不仅受到本地市民的喜爱，更吸引了众多外地游客前来品尝。

（撰稿：黄君慧）

名中有面不是面
——面窝、苕面窝

“几个面窝当过早，一碗米酒赏芳晨。”武汉的早餐文化历史悠久，深受自然环境和人文气息影响，近代以来这里商贾云集，各种文化在此交流碰撞、融合，造就了形色各样的早餐品种。小吃在早点中占据相当地位，而面窝作为武汉的传统特色小吃，集聚了地域特色、独特传统工艺和口味，理所应当地成为江城一张亮丽的美食名片，融入武汉人的美食记忆之中，通过面窝，可以窥见这座码头城市的无限魅力。

一、面窝的渊源：历经波折，誉满江城

历史上记载面窝的文献甚少，面窝的制作技艺也往往由手艺人代代相传，使得后人难以通过文字记载考证其历史渊源。以当前流传最广的说法为例，面窝始出于清代光绪年间汉口汉正街集家嘴的烧饼摊贩昌智仁之手，此人因烧饼生意不好，就费尽心思创新早点品种，他曾尝试用磨碎的大米代替面粉制作烧饼，但反响平平，效果甚微。经过反复琢磨研究，他将大米和黄豆混合磨成浆，并专门请人打制出中间凸起的圆窝状铁勺，在勺中注入米浆，放进油锅中炸制，形成一个边缘厚而中间空、色泽金黄且味道鲜美的圆形米饼。人们吃起来觉得这一新奇的食品口感既松软又酥脆，遂赞不绝口，便问其为何物，昌智仁称之为“面窝”，于是面窝由此得名。

20世纪20年代以后，武汉面窝在商贩谢荣德手中得以传承。此人家境贫寒，只得依靠借贷经营生意，经常肩挑小担，沿街售卖炸好的面窝。谢荣

面窝

德在餐馆做过学徒，擅长制作各种面点，他的面窝物美价廉，深受人力车夫、码头工人的喜爱，许多壮劳力用两至三个大面窝便可充当正餐。后来抗日战争的战火烧到武汉，谢家便向乡下老家转移，几经周折后于20世纪40年代返回武汉，在户部巷安顿并租下一间小店固定经营，谢氏面窝由此正式发端。

谢氏在面窝用料上十分讲究，选用优质籼米为主要原料，配上糯米、黄豆，辅以芝麻、五香粉、葱、姜，味道调至恰到好处，迎合了广大劳动者的口味。所用的食油一律为清油，麻油、茶油、棉籽油、菜籽油等几乎不用，正因为他不惜工本，做出的面窝自然与众不同，一投入油锅就香味四溢，吃起来更是焦脆适度、香酥并重，因而被人们称为“谢氏面窝”。中华人民共和国成立后一段时间，在经营面窝的摊贩密布三镇大街小巷的竞争环境下，谢氏面窝已是小有名气。1958年，餐饮业进入合作化阶段，谢氏面窝逐渐退出市场，直到1990年重新在户部巷安家，时至今日已成为户部巷的代表美食之一。武汉出版社出版的《新武汉竹枝词》中收录了章必钢的《户部巷》：

“糍粑面窝焦又黄，糊汤米酒醉人香。武汉有个户部巷，般般早点任君尝。”面窝之于户部巷的意义不言而喻。2006年，武汉面窝制作技艺入选第一批武汉市非物质文化遗产名录。在2024年“武汉十大名点”评选活动中，面窝票数高居第三，可见面窝在武汉人心目中难以撼动的地位。

二、面窝的制作：工艺讲究，外酥内软

初来武汉的外地人总会发出疑问：既然面窝的原料中并无面粉，又何来“面窝”一称？主要原因是中式面点的制作原料主要是白色的面粉和米粉，制作面点在业内有“白案”之称，因此面窝的“面”并非指代狭义的面粉制品，而是囊括了与面粉和米粉有关的主食、点心等各类广义上的食品。面窝因四周厚内圈薄而凹成窝洞状而得名。

同热干面一样，面窝也是武汉人爱吃的早点之一。如今在武汉的清晨，面窝是过早界当仁不让的“黄金配角”。许多人在品尝粉面的同时，配以数个面窝，薄脆厚软的面窝吸饱汤汁后，与口感筋道的面条在口腔中碰撞，瞬间激活了人的味蕾，驱走了最后一丝困意。再喝上一口米酒中和油腻感，才算正式开启了新的一天。在武汉这座快节奏的城市里，食用简便、价格低廉的面窝，成为上班族过早路上的不二之选。

面窝的制作工艺独特精细，需要经过多道工序，每一道工序都需要手工完成，融入了中式面点技艺的精髓。因此，面窝不仅是一道美食，更是一种艺术品。武汉人制作面窝的方法各式各样，以最经典、最大众化的做法为例，需要准备大米、黄豆等食材和盐、葱、姜、芝麻、食用油等作料。大米要选用优质籼米，其黏性适中，确保米浆不稠不稀。黄豆粉则能促使米浆发酵起泡并能增香。姜则起到解腻的效果。

处理食材时，将大米和黄豆用清水淘洗，洗净后再次加入清水充分浸泡，浸泡时间应依据季节、温度不同而适当延长或缩短，一般春秋季4小时，夏

等待下锅炸制的米浆

刚出锅的面窝

季3小时，冬季6小时，捞出后按照“七米三豆”的配比加少许水磨成细浆，水过量会使口感软塌。若加入糯米，可使口感更加软糯。而后放入盐、葱花、姜末搅拌成浓稠适度的米浆备用，为防止热米浆粘勺，可醒浆半小时左右。米浆不能放置过长时间，一般现配现炸。

米浆备好后，把适量食用油倒入锅中加热，大火烧至八成热（约180摄氏度），先把面窝勺置入油中浸润片刻，拿出后将芝麻撒入勺底，舀一勺米浆，沿面窝勺边画圈注入，使其呈空心窝状，再放入油锅中用中小火炸制。在热油作用下，勺中四周的浆液瞬间膨胀，而中间米浆稀少的部位迅速变得焦干，待正面呈金黄色时，晃动铁勺，使其中的面窝脱模，翻动至另一面继续炸，待两面均呈金黄色时，夹出沥油后即成。面窝勺无须洗净，用完后抹上一层油，便于下次使用即可。对于资深老饕而言，只有外表色泽金黄，香气浓郁，味道咸鲜爽口，口感丰满扎实、外酥里糯的面窝，才称得上是一个好面窝。

三、苕面窝：推陈出新，玩出花样

传统面窝由于制作简单，遍及武汉的街头巷尾，多为摊点经营或由饮食店兼售，很少有专门性店铺，以汉口老城区的口味最为地道。2000年前后，面窝才传至武汉周边地区和其他省份。目前，除户部巷的谢氏面窝外，青山区吉林街“卯起味道”的面窝、江岸区尚德里的罗氏面窝等，凭借多样品种和独到风味广受食客好评，门店食客络绎不绝。经验老到的商家，还会根据不同食客群体的口味需求，对传统面窝进行改良：针对牙口不好的老人，把中间脆芯部分敲掉，只留下厚软的外圈，这叫“框框面窝”；针对年轻人，则将中间炸得更焦脆，泡在汤里吃起来别有滋味。新型面窝的配料和食材丰富多样，聪明的武汉人坚信“万物皆可做面窝”，根据个人口味的不同，加入各种调料和食材，把简单的面窝炸出了各种花样，创制了苕面窝、豌豆面窝、“金包银”糍粑面窝、藕面窝、萝卜丝面窝、虾子面窝、鲍鱼面窝、鸡蛋面窝、黑米面窝、榴梿面窝、香菜面窝等几十种面窝。

苕面窝

以苕面窝为例，在武汉方言中，“苕”是红薯的俗称，后引申为形容人傻。苕面窝就是红薯面窝，武汉人有言：“生苕甜，熟苕粉，夹生苕，冇得整。”制作苕面窝时，将红薯切成一厘米见方的红薯丁，再将红薯丁、面粉和盐加水混合，搅拌至面粉能够粘住红薯丁为佳，炸制步骤同传统面窝完全一致。苕面窝味道咸甜，初入口只让人感觉外皮酥脆，继而则能让人品尝到内芯的软糯，近年来受到民众特别是年轻人的喜爱，在各种面窝创新品种中一枝独秀。

面窝的营养价值丰富，富含蛋白质、碳水化合物和多种维生素，能够增加饱腹感，但是由于油炸的烹饪方式和高热量的特点，高血压、高血脂、高血糖等患者不宜过量食用。尽管如此，武汉人对面窝的热衷程度丝毫不减。

近代以来面窝发展的历程，背后折射出普通人创业的艰辛、坎坷与曲折，它也是武汉城市文化发展过程的缩影。在网络发达的今天，武汉面窝正在通过指尖和屏幕逐渐走向全国，获得各地群众广泛认可。面向未来，面窝也将在不断创新中长久传承，为这座英雄的城市增添新的时代荣光。

（撰稿：廖子辉）

鲜肉醇汤，汽水盈香
——鲜肉汤包与汽水包

对于鲜肉汤包，老武汉人无不津津乐道。鲜肉汤包味美，独具一格，确实名不虚传。那“自然肥”的发面，使汤包皮不吸汤、不梗牙，风味独特。正如清人林兰痴《灌汤肉包》诗云：“到口难吞味易尝，团团一个最包藏。外强不必中干鄙，执热须防手探汤。”这首诗突出描写了汤包内藏热汤、“到口难吞”且易烫手的特点。因此，当你初次品尝汤包时，千万要小心留意，切勿性急一口咬下去，而是要用筷子夹住，先咬破面皮吸掉汤汁，然后再吃包子，否则，吃法不当，汤汁喷出，就会烫伤嘴巴，甚至会弄脏你的衣服。

一、鲜肉汤包的起源

一碟香醋，喜欢的话，再加几根切得细细的姜丝。用筷子小心地夹起汤包，放入汤勺。吹上一吹，最后轻轻地一咬。感觉一股浓浓的香味钻入、迸发，那种绽放在口腔里的鲜美，顿时给人带来一种无法言说的幸福体味。和着姜丝，蘸点香醋，再把幸福的余味一口吃掉。

有经验的食客习惯用这种方式，来享用那一笼笼热腾腾、颤悠悠的汤包。有的老武汉人还会一边吃一边说：“要论汤包，还是四季美的好！”四季美的汤包，是武汉人对于那一个个“小可爱”最初也是最美好的记忆。提起四季美，就不得不谈到其创始人——田玉山。

1883 年，田玉山出生于汉阳。1897 年，14 岁的田玉山跟着在汉口广益桥马林芳牛肉馆做红白二案的父亲当学徒，学做牛杂碎。田玉山不是一个安

鲜肉汤包

于现状的人，认为与其帮人做工，不如自己做点小本生意。几经周折，他在后花楼交通路路口摆了一个卖牛杂碎的小摊子。1922年，他又在后花楼交通路路口对面一个侧巷内开了家小食店。这个店，只摆设几张靠墙半圆桌，店面小而窄，但因地处闹市，生意颇为红火。他请来南京籍的徐大宽师傅，做起猪油葱饼的生意，小有起色。徐师傅是外地人，在汉口打拼不容易，可田玉山从不把他当外人，时常弄点下酒小菜，与之边饮边谈，二人建立了深厚友谊。田玉山的真心相待，让徐师傅深受感动，他向田玉山表示他有做鲜肉汤包的手艺，想为店里添一个品种。田玉山当即同意，经过一年的努力，店里生意越来越好。他们又请了两位下江师傅，打起了“下江风味”特色，挂起了“美美园”招牌。

二、历史风雨中的坚守、传承与发展

鲜肉汤包，原是下江风味的小吃，最早源于镇江。武汉自古商旅云集，饮食汇集各地风味，鲜肉汤包被引进后不断革新，逐渐成为武汉的著名美点。喜欢消夜的汉口居民，也特别中意这种小食。田玉山秉持着精益求精的原则，对汤包的制作工艺不断进行改良，最终收获一套成熟的制作经验。为了应时应景，还在重阳时节推出了蟹黄汤包。更突发奇想的是，按季节供应不同的品种，如春炸春卷、夏卖冷食、秋炸毛蟹、冬打酥饼，使得四季都有美味。田玉山的经营之道，由此可见一斑。1927 年，武汉“四季美”汤包馆开业，店名取一年四季都有美味供应之意。全面抗战时期，南京失守后，大量难民涌至汉口，四季美因其地道的下江风味，生意兴隆。1938 年武汉沦陷，尽管受汪伪政府和日军骚扰，田玉山仍坚持营业，生意渐有好转，1945 年达到高峰，遂扩展店铺，增聘员工。然而，战后在国民党统治下，法币贬值、物价飞涨，经营困难加剧。田玉山坚持不涨价，生意勉强维系。徐大宽师傅因年老体衰离职，其他师傅也相继离开，四季美日渐衰落。

新中国成立后，该店掌门人、被誉为“汤包大王”的名厨钟生楚，潜心研制汤包。他吸取历代名师经验，又根据本地人口味，在配料和制作技巧上进行了改进，从而使汤包皮薄、馅嫩、汤鲜、花匀，形成四季美特有的鲜肉汤包。刚出笼的四季美汤包，佐以姜丝、酱油、陈醋等食用，别具风味。四

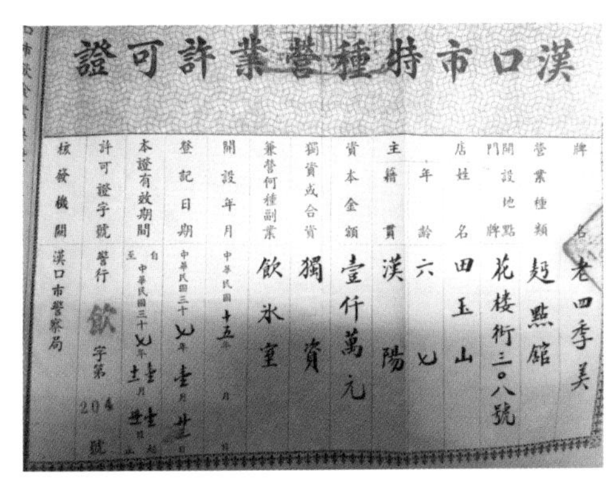

漢口市特種營業許可證

牌名	老四季美
營業種類	麪點館
開設地點門牌	花楼街三〇八號
店主姓名	田玉山
年齡	六七
籍貫	漢陽
資本金額	壹仟萬元
獨資或合資	獨資
兼營何種副業	飲冰室
開設年月	中華民國十五年 月
登記日期	中華民國三十七年 [illegible]月 [illegible]日
本證有效期間	自中華民國三十七年 [illegible]月 [illegible]日 至 [illegible]
許可證字號	警行飲字第204號
核發機關	漢口市警察局

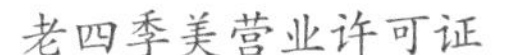

老四季美营业许可证

第二代“汤包大王”钟生楚与他的徒弟

季美的生意也越来越好。因原有店面已无法满足接待四方来客的需求，遂在江汉路建起四层楼，小吃店变成了大餐馆。四季美汤包闻名遐迩，成为极具武汉风味的特色小吃。凡是来到武汉的外地游客，都会有“不进四季美，枉来三镇游”的感叹。

三、四季美汤包的制作方法

四季美汤包吃起来滋味鲜美，制作起来程序严格，具体方法如下：

1. 选用七成瘦、三成肥的鲜猪腿肉，先切块，后绞碎，加入适量高汤拌匀（冬天可加稍多高汤，夏季则可减少高汤用量），再加入姜末、食盐、酱油、黄酒、白糖、麻油、胡椒粉和皮冻拌好，制成汤包馅料备用。

2. 用面七成、酵面三成（冬天酵面可以改为四五成，夏天可改为一成半），加入适量水，和成面团，再搓成长圆条，揪成一个个的面剂，将面剂逐个擀成周边薄中间厚的汤包皮备用。

3. 包汤包时要讲究皮圆薄、馅居中、花均匀（每只包子捏出 18 ~ 22 条花纹，包子口捏成鲫鱼嘴形，肉馅微露），包好后上蒸笼用大火蒸熟，出笼装盘。

4. 用细姜丝和醋调成味碟，与汤包一起上桌即成。

蒸熟的四季美汤包皮薄如灯笼纸，馅鲜汤更浓，佐以姜丝醋，神仙也动容。

四季美汤包制作技艺经徐大宽、钟生楚、徐家莹等三代传承人的传承发展，总结出汤包制作技艺的特征：“面熟碱准水适当，节准量足个一样，边薄中厚撑圆形，馅子挑在皮中心，花细均匀鲫鱼嘴，轻拿轻放要摆正，火候时间掌握准，皮薄馅嫩美味鲜。”在外形上具有花匀、汤包口呈鲫鱼嘴的特点，在质地上具有皮薄、馅嫩、汤鲜、味美的特点。

四季美汤包，这一诱人的美食，不仅是广大食客喜欢的风味小吃，也是贵宾宴席上的佳肴。党的八届六中全会在武昌举办期间，毛泽东等中央领导人多次品尝。朝鲜领导人金日成等外国领导人也曾品尝，均对其赞不绝口。社会名流纷纷慕名而来，一饱口福。

除了四季美汤包馆，武汉鲜肉汤包行业孕育着众多佼佼者，风味上各有特色。

四、汽水包：汽韵飘香，风味独特

汽水包是武汉人进行创新的典型成果。包子常规是用蒸笼蒸，1940 年，山海关路王氏包子铺为了吸引周边的顾客，与隔壁的包子铺竞争，将包子用平锅加油加水煎熟，取名“汽水包”。这道美食逐渐流传开来，成为武汉人喜爱的特色小吃。每逢冬季，武汉的街头巷尾，总能见到用大油桶做成的煤炉上那口冒着腾腾热气的平锅。油腻的锅盖，却难以阻挡那诱人的香气。短

汽水包

短十分钟，水汽渐收，一锅“白白胖胖”的包子排放着，金黄食用油轻轻洒下，锅中便发出欢快的“嗞嗞”声响。待包子煎至金黄，便可享用。咬下一口，滚烫的糯米馅料伴随着胡椒的辛辣香气冒出，不仅烫口，更能暖身。底部金黄的脆壳，是时间赋予它最诱人的风味，令人回味无穷，尽显武汉的独特风情。

如今，汽水包在武汉变得愈发珍贵。店铺不多，但在户部巷可以找到“熊记”招牌，首义路美食街亦藏有这样的美味。汉口统一街上的老牌汽水包和山海关路的毛氏汽水包，均历经岁月沉淀。最初，汽水包仅有单一的糯米口味，豆瓣酱的加入为其增添了一抹鲜亮。如今，商贩们进一步创新，融入粉条、香菇等多种馅料，令汽水包口味更丰富。

汽水包焦黄的外皮下，是层次分明的味道——金黄酥脆，咀嚼间发出酥脆声响；粉条馅咸辣适中，咀嚼间透出别样的风味；糯米馅软糯绵甜，温暖着每一位食客的心。在传统与创新间，汉口山海关路的毛氏汽水包尤为出众，其生意持续繁荣，成为武汉这一地道美味的继承者。

汽水包的制作方法：

1. 将糯米淘洗干净，放入清水盆中浸泡 6 小时，沥干入甑，放入沸水锅中旺火蒸熟，取出晾凉后盛入盆中，倒入 500 毫升热水加盖。

2. 猪五花肉洗净切丁，锅置旺火上，加芝麻油烧热，放入姜末煸出香味，随即投入肉丁炒至断生，加入精盐、酱油煸炒几下后盛入盆内。然后放入糯米和绞碎的皮冻，再加入酱油、精盐、胡椒粉、葱花拌匀成馅。

3. 面粉和好静饧后，加入食用碱揉均匀，搓条，揪成每个重 75 克的面剂子，擀成圆皮，逐个包入糯米肉馅，捏成提花纹，收口要平，放在抹了油的案板上。

4. 平底锅抹油，置中火上烧热，松散地把包子摆入锅内烙至略黄，待包子起了底壳，再加上适量清水，用锅盖盖严，待水分渐渐煎干，揭盖淋入芝麻油煎烙，包子两面煎至焦黄起壳时，盛盘即成。

制成的汽水包汽水足，油润光亮，外脆内软，馅料糯鲜。

武汉汽水包，不仅是江城的独特印记，更是一份沉淀着故乡情愫的记忆。它伴随城市历经四季更替，见证岁月流转，同时凝结了无数人的集体情感与个人回忆。武汉汽水包包蕴着那份属于江城的独有风味，以及深厚人文情怀。

（撰稿：姚伟钧）

香飘万里，醉美千年
——藕粉、蛋酒、糊米酒

“人人都说天堂美，怎比我江汉鱼米乡？”长江的波澜壮阔和汉水的缓缓流淌，共同织就了一幅独特的武汉地理风情画卷。

武汉坐落于长江与汉水的交汇处，优越的地理位置使得其拥有丰富的水资源，水产丰富，为莲藕的种植提供了得天独厚的条件，种植的莲藕品质优良。武汉属于亚热带季风气候，为糯米的种植提供了理想的条件，糯米在武汉不仅是重要的粮食，也是制作各种传统美食的重要原料。“清醴盈金觞，肴馔纵横陈。”一碗口感稠滑的藕粉，一份香气浓郁的蛋酒，一杯色泽洁白的糊米酒，带你穿越历史，看到楚人无穷的创造性和智慧，感受武汉小吃中的烟火气。

一、藕香溢满街，粉滑润心田

“湖广熟，天下足。”有着“鱼米之乡”美称的湖北湖泊密布，种植莲藕的历史悠久。湖北人对藕有着特殊的情结，藕在湖北人的厨房里，可炸可炒可煨汤。在诸多藕制品中，有着补气养血之功效的藕粉，一直以来都是武汉人的心头好，现已成为武汉热门的美食之一。“谁碾玉玲珑，绕磨滴芳液。擢泥本不染，渍粉讵太白。铺奁暴秋阳，片片银刀画。一撮点汤调，犀匙溜滑泽。”这是清代诗人姚思勤笔下的藕粉。藕粉晶莹剔透，口感清甜，在降温之时或寒冷的冬日，捧在手上，吃上一碗，心里自有暖洋洋之感。不同地方的藕粉制作和冲调，存在着一些差异。湖北的巴河、洪湖、蔡甸等都

冲调好的藕粉

是莲藕的产地，也盛产藕粉。湖北的莲藕以巴河的九孔莲藕为代表，是国家地理标志产品。武汉水网密布，莲藕遍布河塘，清甜的藕粉逐渐俘获了本地人的味蕾，售卖冲调藕粉的商户遍布武汉的街头巷尾。

李时珍《本草纲目》记载，“（莲藕）捣浸澄粉，服食轻身益年”，“夫藕生于卑污而洁白自若”，“四时可食，令人心欢，可谓灵根矣”。传统手工藕粉的制作十分烦琐，从磨浆、洗浆、漂浆到沥烤，往往十斤藕只能产出一斤藕粉。将藕粉倒入容器，用冷水化开后，再倒入滚水快速搅拌，便会看到藕粉由纯白变得晶莹剔透。根据个人喜好，还可加入黑芝麻、山楂、红豆、葡萄干等小料。在武汉街头，许多卖藕粉的摊贩和餐馆，用龙头壶盛放热水冲调藕粉，成为街头一道亮丽的风景线。

二、蛋酒甘醇香，江城韵味长

糯米被广泛运用于楚菜烹调中，可制作汤圆、糍粑、米酒等小吃。《楚辞·招魂》中就有“挫糟冻饮，酎清凉些”的句子，郭沫若将其译为“冰冻甜酒，满杯进口真清凉”。《楚辞·大招》也曾言“吴醴白蘗，和楚沥只”，意即用白曲酿成的吴国甜酒，倒进楚地酒中，制作出楚地所特有的清酒。蘗是酿制甜酒的酒曲。楚酒历史悠久且种类多样，如醴、沥、酎等。醴即甜酒，

蛋酒

又叫米酒、酒酿。朱熹在《楚辞集注》中释“沥”曰：“清酒也。”酎则指的是多次酿成的醇酒。

江汉平原盛产糯米，历来有用糯米酿酒的习俗。汉口开埠后，孝感、沔阳（今仙桃）等周边地区商贩，将米酒制作技术带到汉口。米酒中的少量酒精，能够促进人体血液循环和食物消化。此外，米酒还有益气养血的作用。早期武汉人尝试将米酒与鸡蛋混合，制成一种新的饮品，既能搭配热干面，又能提供丰富的营养。经过多次尝试和改进，成了现在遍布武汉街头巷尾的蛋酒。谈起武汉人过早的标配，很多人都会说上一句“热干面加蛋酒”，蛋酒常被作为热干面、三鲜豆皮的最佳搭档。蛋酒口感丰富，既有鸡蛋的细腻，又有米酒的醇厚，两者相互交融。其香气独特，既有蛋香，又有酒香，两者相得益彰，令人陶醉。在营养价值方面，蛋酒富含优质蛋白质、维生素及多种微量元素，具有补气养血、健脾开胃的功效。适量饮用蛋酒，不仅可以增强体力，还有助于提高免疫力，对身体健康大有裨益。

蛋酒甜香溢江城，武汉风情醉意浓。与其他蛋类美食相比，蛋酒更加注重口感和香气的协调，体现了独特的烹饪智慧。制作蛋酒所需的原料简单，仅需米酒、鸡蛋、白糖、开水。蛋酒制作起来也方便快捷：打一个新鲜的鸡蛋，用开水一冲，便可看到鸡蛋花翻涌滚动成型。之后，再放入一勺米酒和一勺白糖搅拌均匀，一碗清甜解腻的蛋酒就制作完成了。

三、武汉糊米酒，风味传四方

武汉糊米酒，选用优质米酒，搭配汤圆、藕粉、红枣、桂花等调制而成，常给人以“欲买桂花同载酒”的逍遥之感。糍软醇香，甘甜柔润，浓稠的酒羹中点缀着桂花、红枣、枸杞，甘甜柔滑中散发着桂花的醇香，有养血益气、滋补养生的功效，是一种经典传统的武汉小吃。

糊米酒并非武汉的土产，它的发源地在紧邻武汉的“董永故里”孝感。“孝感米酒”的闻名即因为糊汤米酒，尤其是加入了桂花、橘饼、红枣丝等各种配料的糊汤米酒。

关于糊汤米酒的来源，有着这样一种传说：早年，担着自家酿制的米酒沿街叫卖的商贩被人们称为“米酒担”。清末民初，有一位名为鲁毓柏的米酒担，无论刮风下雨，都要挑着米酒沿街叫卖，以卖原汁米酒和清汤米酒为

糊米酒

主。根据食客要求，也偶尔做糊汤米酒，但是当时制作方式简单，不同于今日之做法。他只是将当天磨好的汤圆面放入烧开了的水中，煮沸后加少量原汁米酒、白糖，再次煮沸即可。

夏季的某一天，甚是炎热，买米酒的人很少，鲁毓柏清早精磨吊干的糯米面，到天黑还有一大半没有卖出。他只好收拾米酒担子回家，顺道买了半斤桂花糕。此时，来了几位食客，他连忙将刚买的桂花糕放至一边，为食客烧制米酒，在拿碗盛汤圆的时候，一不小心把桂花糕碰翻在锅中。他为人忠厚老实，本分经营，连连向食客赔礼，说米酒不能喝了，打算倒掉重新烧制，但食客实在是饿极了，且因闻到了一股从未闻过的香甜味道，便坚持要喝锅里这碗糊汤米酒。无奈之下，鲁毓柏盛好递给食客，没想到食客连连称"好酒"。这实在出乎鲁毓柏的意料，无意间使米酒有了别样风味，产生了名扬百年的"糊汤米酒"，也开始了他进一步研制糊汤米酒的路程。

鲁毓柏经营糊汤米酒，采用特制的紫铜锅精心烧制米酒，以"吊浆法"取代过去用汤圆面的"吸干法"，即首先在清汤米酒中加入适量吊浆，配以蜜渍桂花、金钱橘饼、红枣丝及白糖等，煮制出来的米酒汤糊色白、浓稠润滑、蜜香浓郁，入口甜美。"色白如芙蓉出水，味香似木樨吐蕊"，是孝感诗人王柏生对糊汤米酒的赞叹。糊汤米酒传至武汉后，经过数代人的改进，成为武汉的一道特色小吃。

制作糊米酒的原料，为优质糯米（30%用于制酒，70%用于制浆）、酒曲、白砂糖、蜜渍桂花、金橘饼末和食用碱。制作方法如下：

第一步，将糯米淘净，用清水浸泡数小时（若米质较硬，浸泡时间可延长），再用清水漂洗数次，以去掉米的酸味，然后捞起沥干水，入甑蒸熟，取出过水或晾凉至30摄氏度左右（夏秋季节天气炎热，需要过水降温）。将捣成粉末的酒曲撒入糯米饭中迅速拌匀，装入洗净的容器（无碱、无油污），封盖严密，保持温度在30摄氏度左右发酵（时间约30小时），待有酒香味和浆液渗出时，表明发酵完成。

第二步，将剩余70%的糯米洗净，浸泡约12小时（浸泡时间要根据气温高低灵活掌握，泡至用手捻搓可碎为宜），捞起用清水冲净酸味，沥干后加清水磨浆（磨得越细越好）。再将磨好的米浆装入细布袋中，吊干或用洁净石块压干水分，制成吊浆待用。煮制米酒前，在吊浆中按100∶1的比例加入发酵过的老浆或米酒，再加入适量食用碱和清水（冬季用热水，夏季用凉水）揉匀，发酵1～2小时即可。

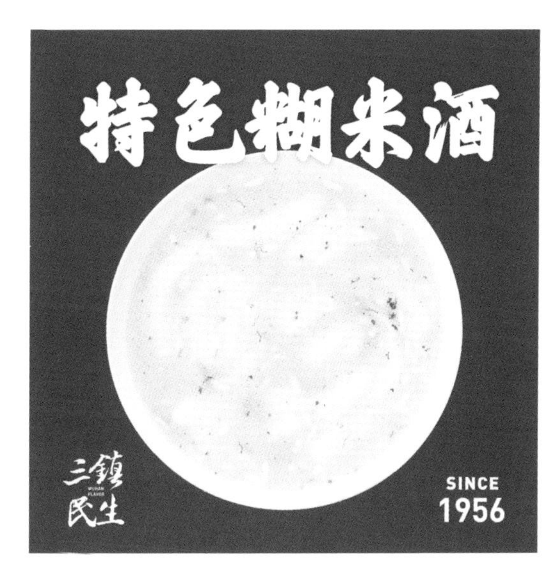

三镇民生甜食馆的特色糊米酒

第三步，将铜锅置旺火上，每锅注入约1000毫升冷水，烧沸后点入少许冷水降温，用勺把发酵好的吊浆捣成蚕豆大小的碎块，边捣边沿油锅边倒入吊浆，快速搅动至生熟均匀，待锅内呈糊状时，再舀入适量米酒，并点入少许碱水搅匀，至汤呈淡黄色并起泡时，放入白砂糖、蜜渍桂花、金橘饼末等搅匀，继续煮至起白泡即成。

藕粉蛋酒情意浓，糊汤米酒醉江城。无论是藕粉、蛋酒还是糊米酒，都承载着武汉人对小吃制作工艺和本土文化极致追求的情怀，它们不只是小吃，更是一座城市的代表，以独特的方式绽放属于自己的魅力。

（撰稿：陈庆平）

鲜香鲜嫩自粉来
——鲜鱼糊汤粉与生烫牛肉粉

南米北面，北方的主食一般是馒头、面条，而南方多是米饭、米粉。米粉包括宽粉、细粉，细如长线的是米线。米粉的吃法和北方的面条类似，煮熟食用，在武汉有两种独特的吃法，一种是把米粉放入鱼汤中“糊”着吃。这一道美食叫作鲜鱼糊汤粉，人们习惯简称为糊汤粉。另一种独特的吃法，则是将鲜嫩的牛肉放在开水中或热汤中快速烫熟，下入汤粉中，这就是生烫牛肉粉。

一、鲜鱼糊汤粉名店田恒啟

鲜鱼糊汤粉是武汉的著名小吃，特点是汁黏稠、粉柔糯、味香辣。一碗下肚，满头大汗，痛快淋漓。在武汉提起鲜鱼糊汤粉，人们自然就会想起“田恒啟”。来武汉，想吃糊汤粉，如果问起武汉居民哪家好吃，他们就会告诉你：“去吃田恒啟的鲜鱼糊汤粉啊！”因为这家老字号伴随了几代武汉人，是武汉人难以忘怀的记忆。

1920年，在汉口四官殿，“田恒啟”米粉店开业，其名取“永恒启发”之意。那么，为什么选择在四官殿开店呢？这是为了利用它重要的商业区位优势。四官殿原是一座庙宇，清朝顺治年间由汉阳人瞿岳恒主持修建，地址位于今大兴路和平里附近，供奉道教中的天、地、水、火“四官”，故名四官殿。四官殿重修于康熙六年（1667），附近有一条街道，因此该街道被命名为四官殿正街。武昌起义爆发后，清军第一军统领冯国璋下令纵火，汉口市区包

鲜鱼糊汤粉

括四官殿、黄陂街等地的房屋全部化为灰烬，但四官殿的地名沿用下来。叶调元《汉口竹枝词》中有“廿里长街八码头”的诗句，八码头是宗三庙码头、五显庙码头、老官庙码头、沈家庙码头、集稼嘴（又称接驾嘴）码头、柯家码头、龙王庙码头和四官殿码头。前面七个码头均在汉水北岸，唯四官殿码头是从汉口出发去武昌的长江渡口。1912 年 4 月 9 日，孙中山应时任中华民国副总统、湖北都督黎元洪的邀请，一行人从上海乘“联鲸”“湖鹗”两艘轮船来汉，下船的地点就是四官殿码头。

田恒啟米粉店就开在四官殿码头旁边，食客多是码头工人。据说鲜鱼糊汤粉深受码头工人喜爱。不同于其他的清汤米粉，鲜鱼糊汤粉黏稠，符合干苦力的码头工人的需要。鲜鱼熬制的浓汤十分鲜美，加上米粉、胡椒等，一大碗下去定能吃饱，并且能开胃发汗、缓解疲劳。再配上油条等油炸食物，就更适合从事重体力劳动的码头工人了。码头上，往返武昌、汉阳的乘客来来往往，田恒啟的鲜鱼糊汤粉慢慢就成为武汉三镇的知名小吃。

有一段时间，田恒啟米粉店曾改称“群胜米粉店”，现在又改回来，并成立了武汉田恒啟食品有限公司。鲜鱼糊汤粉是用鲫鱼、干米粉和各色调料熬成糊汤，浇在烫熟的米粉上制作而成。2021 年，田恒啟糊汤粉制作技艺被列入江汉区第八批非物质文化遗产名录。田恒啟糊汤粉非遗传承人、德华楼研发创意总监张依心认为，熬制鱼糊的鲫鱼不仅要鲜活，大小也必须保持一致。每天凌晨 4 点，就开始熬制那一锅糊汤。制作过程中，鱼和水的占比、多少斤鱼出多少斤糊汤、什么时候起糊，都是有诀窍的。

二、鲜鱼糊汤粉的做法

糊汤

首先，将鲫鱼去鳞、鳃，剖腹去内脏，洗净。用铝锅（不能用铁锅），锅直径 50 厘米，深 60 厘米。先放入 1 斤清水烧至沸腾，将鲫鱼放入锅内煮，大火煮至半熟，放入酱豆豉、精盐，继续煮 30 分钟。判断什么时候鲫鱼半熟全靠经验，可观看鱼汤的颜色，主要还是依据鱼汤的气味。

起锅倒在上有竹筲箕的盆内，滤出汤汁，用竹刷将筲箕内的鱼肉捣碎，再次倒入汤汁，将碎鱼肉冲入盆并滤出鱼刺。在铝锅内加清水浇开，放入干米粉与鱼汤，搅匀，使米粉充分吸收鱼汤。待鱼肉糊汤煮到浓稠时，下猪油、味精、胡椒粉搅匀，转小火保温。猪油能让糊汤粉变得香气更浓郁，口感更滑爽。胡椒粉则具有开胃、发汗的作用。

另取铝锅一口置中火上，放入大半锅清水烧开，用竹笊篱装入米粉二两，在沸水中烫数次后倒在碗里，浇一勺鱼肉糊汤，撒上葱花即成。

鲜鱼糊汤粉的特点是，米粉软嫩有韧劲，汤汁浓稠鲜美，伴以油条食之，别具风味。

三、滑嫩鲜香的生烫牛肉粉

生烫牛肉粉

如果吃多了鲜鱼糊汤粉，想换换口味，那就来碗生烫牛肉粉吧。

牛肉粉的好吃与否，取决于牛肉和牛骨汤是否美味，大部分牛肉粉的牛肉是卤制的，精选水牛肉，用独家配方熬制卤水，卤制出口感和味道独特的牛肉。熬制大骨汤也需要配方，因此配制卤料成为店家苦苦追求的绝技。牛肉粉所用的米粉一般是湖北的米粉，也有的用购自湖南、广西等地的米粉。

生烫牛肉粉的牛肉不是卤制的，而是新鲜细嫩的牛肉。将牛肉切成薄片，放入滚开的大骨汤中烫熟，浇在米粉上，吃起来滑嫩不塞牙，口感非同一般，深受武汉人喜欢。

生烫是来自广东、福建一带的做法，如大家熟知的白切鸡，就是采用生烫的做法。武汉人善于学习和借鉴，结合本地的特色粉面，将东南沿海一带清淡的生烫粉变成了味道浓郁的生烫牛肉粉。

制作生烫牛肉粉，通常选用牛肉的细嫩部分，剔除上面的筋膜和牛油。

内脏如牛腰、牛心等则需要进行精细化处理，因为内脏异味较大，要处理干净彻底。将牛肉、内脏切成大薄片，在汤中烫一会儿，熟了放入碗中，加上佐料，再浇上用牛骨、牛腩等熬制的高汤以及米粉，一碗诱人的生烫牛肉粉就做好了。

生烫牛杂粉

除了生烫牛肉粉外，还有生烫牛杂粉、生烫混合粉等，口味都很好，客人可以根据自己的喜好选择。一些知名的生烫牛肉粉店生意火爆，每天都有人在门前排队等候，尤其是周末的早上，队伍排到了大路边。

制作生烫牛肉粉看似简单，其实是熟能生巧。每一步都是长时间的经验和心血积累的结果，所以那些经营了十几年的老店更为吸引人。这些店的员工掌握了制作的诀窍和要领，也明了顾客的需求，所以生意做得顺风又顺水。如生烫混合粉，店员先将牛肉、牛杂等放到大勺里，将它们在大桶里的滚汤中烫上几个来回，十几秒的时间就烫好了。再将烫好的牛杂、牛肉等放入碗中，撒上葱花、榨菜，根据客人的口味放入适量的辣椒油、香菜等。随后，边涮粉边将高汤舀入碗中，用勺子将碗底的混合料翻起来，最后利落地递碗给顾客。牛肉片鲜香扑鼻，放进嘴里，嚼几下就化了，不留一点渣子，也不会塞牙。鲜嫩的牛腰花烫熟之后，口感相当嫩滑。生烫的妙处就在于口感滑嫩，味道鲜香。吃完牛肉粉或牛杂粉，再喝上一口汤，更是回味悠长。

（撰稿：李明晨）

叫豆不见豆，切丝配腊肉
——腊肉豆丝

豆制品是大江南北常见的副食品，其中豆腐更是家喻户晓，人人离不了。在武汉有一种名字带有“豆”的小吃，不过光看外形，不容易看出它与豆子的关系，可以说是“叫豆不见豆”，它就是武汉人喜欢吃的豆丝。豆丝的吃法多样，可炒、可煮、可炸、可煎，最受欢迎的吃法是配上腊肉炒着吃，武汉人称这道菜为“腊肉豆丝”。

腊肉豆丝

一、武汉独特的豆制品——豆丝

武汉豆丝的产生并非偶然，而是与人们长时期食用豆子有关。为了解决豆子难消化、容易使人胀气等问题，人们不断地探索食用豆子的方法，豆丝就是在这种探索中产生的。

豆属于杂粮，据考证，我国是大豆的起源地。考古出土的实物证明，早在史前时期，武汉所处的江汉平原一带就有了豆类作物。豆在古代称“菽”，是五谷之一。五谷有“稻、麦、粟、菽、黍”“稻、麦、粟、菽、稷”“稻、麦、粟、菽、粱”“稻、麦、粟、菽、麻”等多种说法，但其中都有菽，说明豆类作物是非常重要的。我们经常说“五谷丰登”，就指包括豆类作物的丰收。

我国食用的豆类以黄豆为主，做法有做成豆饭、腌制豆酱等，最常见的是做成豆腐、豆浆和豆奶粉。其次是绿豆，因颜色为青绿色，故名绿豆。其食用方法相对简单，主要是和米在一起用于熬粥。绿豆经浸泡后发芽，即绿豆芽，是遍及大江南北的常见蔬菜。黄豆和绿豆的这些做法，都能保留浓郁的豆香。

豆丝，一般人会误以为是“豆制品切成的丝”，但实际上并不是这么回事，从外表看，既看不出它是豆子做的，也不能判断它为丝，因为它是长条状的。初次见到它的人会百思不得其解：为什么叫它豆丝呢？其实，这种小吃的原料是以米浆为主，仅添加了绿豆粉或黄豆粉熬成的浆。这种小吃的产生，与武汉的自然环境和作物种植结构有关。

武汉处于江汉平原东北部，境内既有平原，也有山岭岗地。海拔较低的平原和洼地适合种植水稻，而岗地和丘陵适合种植旱地作物，包括麦和豆类，比如绿豆。种什么吃什么，这种稻、麦、豆的种植结构，使武汉人的主食既有米饭、米粉，也有馒头、面条，呈现米面并存的特征。当然，米和面中也加入豆类，其中豆丝就是米和绿豆或黄豆的结合。“樱桃好吃树难栽，豆丝好吃不好做”，制作豆丝尤其是手工制作豆丝是很费力气的，但过程中也充满了劳动的欢乐。

二、武汉豆丝数黄陂

位于武汉北部的黄陂区，物产丰富，这里出产的豆丝远近闻名，是武汉传统物产之一，武汉卖的豆丝多数来自黄陂。黄陂人很是勤劳，有股子闯劲。因为黄陂挨着天下名镇汉口，很多黄陂人到汉口谋生，也把豆丝带到汉口，有些人还开店经营豆丝。

年关将至时，黄陂家家户户开始制作豆丝，农户家中冒起蒸豆丝的袅袅炊烟，豆丝的香气随着山风飘向四方。

做豆丝的第一步是选米和拣绿豆或黄豆。米要选择颗粒饱满、颜色白亮的，这样的米香气足，淀粉含量高。选好的米要用水淘洗，因为山区的稻米不是用碾米机碾出的，而是用风车等传统农具脱壳，然后在场院里晒干，难免有沙石掺入，需要用水反复淘洗，保证杂质被完全清除。

绿豆荚由青绿变黑时就要摘掉，否则就会炸开，绿豆就掉在泥土里了。摘绿豆荚是很累人的，绿豆荚长得不高，一般就膝盖那么高，摘的时候要弯下腰，一只手抓住豆茎，一只手轻轻掐下豆荚，用力过大的话豆子容易散落到地上。这样一株挨着一株地摘，会累得腰酸腿疼。摘下的绿豆荚要放在场院曝晒，然后用连枷拍打，使豆粒与豆荚分离。黄豆是用镰刀割下整株，运到场院晒干，然后用石碾子或连枷让豆子脱粒。这样，黄豆和绿豆中就容易掺杂着小石子、沙子或小土块。人们会用簸箕把这些杂物扬出去，还要用筛子将杂物拣一遍。

米和豆子选好后要浸泡透（否则浆中容易有碎渣），然后用石磨磨成浆。米多豆少，比例一般为 8 ∶ 1。推石磨需要力气和技巧，往往男的推石磨，女的喂料，磨出的浆放入盆中或桶里。做豆丝的时候，左邻右舍会前往探看，主人需要帮忙就展现身手。

等锅烧热了，把浆均匀摊在锅里，这是做豆丝的关键步骤，一般由经验丰富和技艺熟练的人来操刀。前锅摊完摊后锅，后锅摊完翻前锅，两只锅交

泡发的大米和黄豆

鲜豆丝

晾晒豆丝

干豆丝

替作业，前后兼顾，熟练衔接，与烧火的配合默契。有的人用蒸笼，把浆舀入笼中，一层层均匀地摊开，蒸熟后一张一张晒干，然后切成丝就可以了。

三、豆丝名店老谦记

武汉早在清代就有豆丝坊，清末民初还有豆丝业公会。豆丝的吃法多样，鲜的可以煮着吃、烫着吃，干的可以炒着吃。在众多豆丝店中，要数老谦记最为知名。

1918 年，冯谦伯、冯有权夫妇在武昌青龙巷创立“谦记牛肉馆”。冯谦伯早年参加过辛亥革命，在军队中与炊事员相熟，该炊事员曾随左宗棠入疆，从少数民族百姓处学到牛肉烹制技术，后来传授给了冯谦伯。

枯炒牛肉豆丝

谦记牛肉馆的看家活，是枯炒牛肉豆丝。冯谦伯结合武汉地区传统豆丝制作技艺，选用优质大米、绿豆和东北大豆，经过浸泡、磨浆、摊皮、切丝等多道工序制出豆丝，其独特的配方和繁复的工序保证了豆丝的品质。牛肉的选择专注于特定部位，如内眉、外眉、瓦沟眉等，确保肉质嫩滑。“枯炒”即干炒，将牛肉与豆丝结合，牛肉酥滑鲜嫩，豆丝金黄鲜香。

凭借着精湛的制作技艺和独特的口味，谦记牛肉馆赢得周边市民的喜爱。新中国成立后，冯有权与女徒弟黄敬民恢复老谦记品牌，更将枯炒牛肉豆丝送往全国舞台。1958 年，在李先念的关心下，老谦记在民主路重新开张。

改革开放后，老谦记落户于户部巷。百年间四代人薪火相传，将豆丝制作技艺发扬光大。第三代传承人沈祖学引入现代化生产技术，拓展产品线。沈章妍（沈祖学之女）作为第四代传承人，传承核心技艺，致力于提升老谦记品牌影响力。

四、不普通的小吃：腊肉豆丝的制作方法

枯炒牛肉豆丝，对豆丝和牛肉的要求很高，枯炒也不是一般人能掌握的烹饪技艺，因此顾客只有去老谦记才能吃得到。一般餐馆和普通人家，更常用的做法是用腊肉炒豆丝。腊肉与豆丝这两种食材都在过年前预备，因而腊

街头的腊肉炒豆丝

肉炒豆丝多在年节期间享用。

腊肉炒豆丝制作起来不简单，首先，豆丝制作不简单，每一步都费力且需要技巧。其次，腊肉制作也较费工夫，需选择肉质肥美的年猪肉，看相和口感都会好一些。

腊肉炒豆丝需要的原料不只有腊肉、干豆丝，还有青蒜苗或胡萝卜、小白菜等配料，调味料有精盐、辣椒、五香粉等。先把豆丝泡软，腊肉则用温水浸泡清洗。腊肉切成大薄片，锅中放少许菜籽油，烧热后放入葱姜蒜末，下入腊肉炒至金黄，加入青蒜苗等翻炒，然后加入沥干的豆丝翻炒。腊肉、豆丝、蒜苗搭配，黄色和青绿色相间，色泽鲜亮，味道丰富。

另一种方法是腊肉煮豆丝：将腊肉切成大薄片，热锅凉油，油烧热后下入葱姜、辣椒等炒香，下入腊肉片煸炒，加入清水或鸡汤烧开，下入新鲜的豆丝，然后放几片青菜或青蒜苗，撒上盐、麻油、胡椒粉即可起锅装盘。

还有一种借鉴枯炒牛肉豆丝的做法，即先将干豆丝油炸至金黄捞出，另起锅下入腊肉翻炒，再把炸好的豆丝放入锅中，加盐、鸡精、胡椒、生抽等调料，翻炒均匀，最后点缀上青蒜苗和青菜叶，追求精致的还可以在盘子上做一点装饰。

尽管腊肉豆丝属于家常菜，但家常才有家的味道，武汉人吃上一口这道菜，心里就满足了。

（撰稿：李明晨）

糯米鸡香意绵绵，舌尖盛宴韵依依
——糯米鸡

在中华大地的美食版图上，江城武汉以其独特的饮食文化和丰饶的物产，书写了一座美食之城的传奇。在武汉，人们见面时的第一句问候不是“您早”，而是“您家过早了冇”。这是热情朴实的武汉人对早餐的独特情怀。“过早”一词最早出自清道光年间的《汉口竹枝词》：“三天过早异平常，一顿狼餐饭可忘。切面豆丝干线粉，鱼餐圆子滚鸡汤。”可见早在一两百年前，武汉的早点种类就已非常丰富。

武汉过早文化的形成，得益于其悠久的历史积淀与独特的地理位置。“九省通衢”的大武汉，地处华中，环抱两江，拥有连接东西的水运、辐射全国

糯米鸡

的陆运，明末清初起成为万商云集的商品集散地，码头众多。无数码头工人天还没亮就赶着去码头开始一天的繁忙工作，搬货、卸货、送货……干的都是力气活儿，而一天的能量来源，正是从一顿丰盛的早餐开始。他们没有充裕的时间自己做早餐，甚至无法坐下慢慢享受早餐，而是常常端着碗边走边吃，逐渐形成了武汉人“喜食高碳水食物”和“边走边吃”的早餐习惯。加之码头工人来自五湖四海，武汉不断融合各种菜系的特色，形成了它独有的兼容并包的饮食文化。

一、“糯米鸡”里没有鸡

正如老婆饼里没有老婆一样，糯米鸡里也没有鸡，只有油炸面糊所裹的满满当当一拳大小的糯米团。提到糯米与鸡的组合，人们通常想到的是广东小吃——荷叶糯米鸡：在糯米里面放入鸡肉、叉烧肉、咸蛋黄、冬菇粒等馅料，用荷叶包裹成长方体，上锅蒸熟即可。糯米与鸡肉散发着荷叶的清香，入口的糯米黏软，又混合着鸡肉香。武汉的糯米鸡则是紧致的糯米团子，里面掺着笋干、香干、猪肉、榨菜、香菇、胡椒粉等，有的干脆全是糯米，分量十足。别看它用料简单，其制作过程中却有着一道道复杂的程序。

首先将浸泡好的糯米沥干水分，放入蒸锅内，用筷子戳几个洞透气，大火蒸制约 30 分钟，至软糯后捞出。再将猪肉洗净，切成筷子头大小的肉丁待用。接着炒制馅料，热锅凉油，先放入姜末煸炒，随后加入肉丁翻炒至出油，再加入香菇丁、干子丁、笋丁、榨菜丁继续翻炒，其间加入适量盐、黑胡椒粉调味，倒入泡香菇的水增加香味，再加老抽上色，蚝油、生抽增鲜，还可加入少许十三香和糖提味，小火慢炖 10 分钟，使所有味道充分融合。尔后，将蒸好的糯米与炒好的馅料混合均匀，取适量用手搓成椭圆形或圆形；在碗中打入鸡蛋，加入适量面粉和少量水，调成略稠的面糊，将糯米团子裹上面糊，确保表面均匀覆盖。最后，在锅中倒入足够的油，加热至适合的温度（160 ~ 180 摄氏度），将糯米团逐个投入，炸至表面金黄酥脆。

尽管糯米鸡里没有鸡，但它将武汉过早的三大特色——高碳水、高油脂、高热量展现得淋漓尽致。虽说味道并不令人惊艳，但凭借吃一个能饱到下午的神奇“功效”，已喂饱了世世代代的码头人。

二、酥脆与绵软的碰撞

糯米鸡，一种名字中带着误会的美食，它的口感自然也是食材间的奇妙碰撞，即酥脆与绵软共存。炸糯米鸡是个讲究活，入口的酥脆可不好炸出来，关键的一步是糯米鸡的“穿衣”环节。不同于常见的面糊，糯米鸡的面衣讲究薄而酥脆，紧密地包裹住内里的软糯鲜香。由于面糊中掺了鸡蛋液，恰到好处的火候能让面糊变得酥脆，甚至微微鼓起一些小泡，形如鸡皮，“糯米鸡”的名称即由此而来。金黄的糯米馅料，仿佛披上了一袭华丽的外衣，让人一

糯米鸡内里

眼难忘。

轻咬一口糯米鸡，先是感受到外皮的酥脆，紧接着便是糯米的软糯与配料的鲜香，味道醇厚，层次分明，仿佛是一段关于味觉的交响乐，让人忍不住一尝再尝，回味无穷。糯米馅料也不是一味软糯，因为加了香菇丁、肉丁、榨菜丁，搭配吃起来更有嚼劲。

对于老武汉人来说，糯米鸡不仅仅是早餐，它还能用来涮火锅。因为糯米鸡本身就是咸香口，与油条、馓子一样，用于涮火锅也没有丝毫违和感。炸好的糯米鸡在火锅里走一遭，外面的酥皮会吸满汤汁，让汤汁一直浸入糯米里。咬一口，扎扎实实的口感中多了些汤汁的鲜香。浸润了火锅汤汁的糯米鸡吃起来味道会更丰富，但不变的是那糯米的软糯，依旧让人欲罢不能。

三、巷子里的老味道

热爱“过早”的武汉人，无论春夏秋冬，都不会辜负丰富、满足的早餐时光。

一条老巷，苏醒于第一缕晨光洒下之前，卷帘门的哗啦声打破了静谧，灯光亮起，响起店家忙碌的声音——搬货声、揉面声、油炸声、烧水声……当香气在巷子里氤氲开来，街坊们寻味而至，属于远东巷的一天开始了。

在这全长一百多米的巷子中，有一间开了三十多年的糯米鸡店铺——江氏糯米鸡，它的产品是武汉人公认的最好吃的糯米鸡。各家糯米鸡配方各不相同，江氏用的是传承自父亲的老配方：糯米里面裹有肉丁、榨菜丁、香菇丁等，还有一股恰到好处的胡椒味。江氏从油锅中捞出糯米鸡时，会先用夹子开一个小口，浓郁的香气就溢了出来，在空气中弥漫。

江氏糯米鸡的店主是土生土长的六渡桥人，曾经上过湖北经视的美食节目《好吃佬》，但他的口碑，主要是靠几十年的积累。每天凌晨三点半，夫妻二人就要起床准备食材，将糯米鸡裹成球形后整齐码放在一旁，一直忙碌到五点半正式营业。因生意红火，老板娘的姐妹也来帮忙。此外，大姐还在巷子更深一点的地方，开了一家“老姐妹热干面”，兼卖糯米鸡，用同一个配方，是地道的家族生意。

说到老武汉人过早的网红街区，当属山海关路。论排队最长的铺子，当属“李记鸡冠饺”。这家店里只卖两种炸物：鸡冠饺和糯米鸡。店龄虽不长，但师傅的手艺是一绝，即使需要等待，食客们也甘之如饴。10平方米的小门面中，一家人的分工紧紧有条：李师傅的爱人不停歇地擀面、包馅，而他就负责把一个个扎实的“碳水炸弹”丢入油锅中，儿子则站在门口递餐。李记的糯米鸡足有拳头大，轻轻掰开，里面是满满的糯米、肉丁、香干、葱花、香菇、胡椒粉，给人以十足的饱腹感。

近年来，武汉的许多老街悄然消失，那些烙在骨子里的“童年味道”牵引着本地居民不断地去重拾往日时光，好在还有部分街巷保留着曾经的回忆，巷子里的老味道永远是武汉吃货们追寻的方向。

（撰稿：杨颖）

形似石榴食如梅
——重油烧卖与油饼包烧卖

烧卖作为一种小吃，和包子一样普及。据说烧卖源于包子，二者都是皮子包馅料，蒸熟后食用，不同之处在于包子要捏严实，防止露馅；烧卖的口不收拢，要露馅。武汉人喜欢吃烧卖，尤其喜欢吃重油烧卖。重油烧卖是闻名四方的武汉传统小吃。近些年，“油饼包烧卖”逐渐流行起来，成为新晋的武汉名吃。

一、食用烧卖数百年：烧卖的产生与发展

早在元朝，都城大都（今北京）就有售卖烧卖的，可能是蒙古人带到北京的。在14世纪朝鲜人出版的汉语教科书《朴通事》上，就有元大都出售“素酸馅稍麦”的记载。书中对“稍麦”作注：以麦面做成薄片，包肉蒸熟，与汤食之，方言谓之稍麦，麦亦作“卖”。作者还描述道：“皮薄肉实切碎肉，当顶撮细似线稍系，故曰稍麦。”“以面作皮，以肉为馅，当顶作为花蕊，方言谓之稍麦。”

“稍麦”可能是蒙古语的音译，在中北亚的阿尔泰语系中，“烧麦”是常见的发音。突厥语族中这个词的意思是皮囊、口袋，蒙古语族中这个词则是指没有冷却的点心。这表明烧卖产生于中北亚一带，游牧民族把这种小吃形象地称为口袋里装上肉馅，馅一般是羊肉馅。这种小吃做熟后要趁热吃，这种吃法一直流传至今。因此，《朴通事》所记载的“方言谓之稍麦”，可能指的是汉语对蒙古语的音译。

烧卖

朝鲜人的汉语教科书上出现这个词，并作了详细的介绍，说明烧卖在元大都是深受人们喜爱的食物。《朴通事》的作者认为，这种小吃的顶端要用手撮细，然后口沿捏成花边，口沿下的细部像是被细线系住一样。“麦”和“卖”同音，所以有人将“麦”写成了“卖”。“稍”与“烧”同音，“稍”有时被写成了“烧”，因为制作食物的过程都可以称为“烧”。因而“稍麦”也称为“烧麦”或“烧卖”，但意思不同。“烧麦”是指麦面食物，“烧卖”是指制熟售卖。“与汤食之”四字表明，在元代，烧卖是蘸着汤汁食用的，虽然没有具体说明是什么汤，但从当时已有姜、酱、醋等来看，应该是姜、醋或酱、醋调成的汤汁。

明清时期，“稍麦”“烧麦”虽仍沿用，但“烧卖”较为常见。《儒林外史》第十回写道：“席上上了两盘点心，一盘猪肉心的烧卖，一盘鹅油白糖蒸的饺儿。”《金瓶梅词话》中有关于“桃花烧卖”的描写。清朝乾隆年间的竹枝词中也有“烧卖馄饨列满盘”之句。

二、武汉名烧卖“五叶梅”

有的烧卖表皮点上颜色，形似梅花，因而又有“烧梅”“烧枚”“烧美”等叫法。在临近武汉的鄂东重镇黄州，烧梅是著名的小吃。明清时期，黄州为八县生员应试之地，各地考生喜食黄州烧梅，店家就在烧梅上端点一点颜料，象征红顶子，祝考生科场如意，榜上有名，又含有“榴结百子，梅呈五福”之意。这种做法传到了武汉，为武汉烧卖店常用。在武汉有两种烧卖非常值得一说，一是精细制作的“五叶梅”，一个是家喻户晓的重油烧卖。

1958 年，党的八届六中全会在武昌召开，老会宾特级厨师宗良植接受任务，前往制作宴会点心“五叶梅”。毛泽东、周恩来等中央领导人品尝后倍加赞赏。宗良植制作的烧卖，不仅皮薄馅鲜，而且造型美观，五个角上分别有红色的火腿末、黄色的蛋黄末、绿色的香菜叶、白色的虾仁和黑色的发菜，五彩缤纷，诱人食欲。五色点缀材料使烧卖似五色的梅花盛开，不仅美味，而且美观。这种技艺登峰造极的烧卖，是老会宾精益求精又敢于创新的体现。烧卖“五叶梅”得到了老一辈国家领导人的赞誉，实在是武汉乃至湖北的荣耀。

三、烧卖名店顺香居

如果说“五叶梅”是艺术的，重油烧卖则是亲民的。重油烧卖又称重油烧梅，是武汉著名的传统风味小吃，以顺香居制作的最为有名。顺香居的烧卖不叫烧卖而叫烧梅，源于其烧卖成型后如朵朵梅花。

1932 年，晋商胡佑臣租下了汉口后花楼 276 号（今花楼街 337 号）一间小门店，主要经营过早的重油烧梅，取店名为“顺香居”。晋商经营烧卖，以北京“都一处”最为知名。但都一处在当时既不是酒楼，也不是饭庄，只是以经营烧卖为主的小吃店。在京城，餐馆酒楼分为三个档次，从高到低依

顺香居重油烧梅

次是楼、庄和居，而都一处属于居。武汉的饮食店有楼，有园，有记，但很少称居的。胡佑臣把店名取作顺香居，一是沿用北京饮食商号的传统叫法，希望能借助都一处的名气；二是重油烧梅源自北方烧卖，顺香的意思是顺着香味就能找到精心制作的烧卖。这种吸引顾客顺香而来的经营理念，支撑着顺香居的重油烧梅热卖到如今。

顺香居的重油烧梅能够成功不是偶然的，而是因为它因地制宜，擅于经营。胡佑臣聪明，根据武汉人的喜好改变了北方烧卖的做法，在馅料中加入糯米，并为让外皮更有嚼劲而多放油。在旧社会，售卖对象是广大民众，重油烧梅价格低廉，卖苦力的码头工人、车夫仆役等贫苦阶层能享用得起。花楼街靠近码头，工人顺香来此，香糯多油的烧梅不仅美味，而且能让他们长时间不饿。重油烧梅不容易消化，长期食用也会感到腻口，顺香居根据晋商把黑茶等贩卖到游牧地区的经验，向顾客提供茶水，喝一碗就心清气爽了。

关于顺香居的由来还有一种说法。1940 年，阳逻人袁金安在后花楼开设了“顺香居”汤圆酒馆。由于雇用武邦点心馆名师黄家保，因而引进武昌三园（青海园、品海园、盛兴园）的重油烧梅，名声日振，销售额扶摇直上。1942 年，顺香居对门开了一家“竹林村”汤圆酒馆，两家各显其能。在激烈的市场竞争中，袁金安规定，烧梅馅料要完全用鲜肉和猪油，配以虾仁、虾子粉和当时日本人的味之素等上等调料，只用少数糯米。这样做出的烧梅，馅多皮薄，油大味鲜，具有浓郁的地方风味。顺香居以绝对优势压倒对方，生意越做越好，不久竹林村就悄然倒闭，顺香居烧梅也由此盛名远扬了。

四、独具特色的重油烧卖

武汉的重油烧卖，与其他地区的烧卖有不同之处。一是面皮不同，武汉重油烧卖面团用冷水调制，其他地区多为烫面或半烫面团，因此武汉重油烧卖的皮比较有嚼劲。二是馅料不同，武汉重油烧卖的馅以糯米为主，肉类为辅，馅更加软糯。三是油重，非常肥口。另外，武汉重油烧卖的制作工艺也十分讲究，鲜肉需切成黄豆大小的丁，调馅前先烹制入味。糯米则要经过浸泡、蒸制、调味、回软等多道工序，最后才能用于拌馅。

因为与众不同，所以远近闻名，四面八方来武汉吃过重油烧卖的人，对它的独特口味印象深刻。

《中国小吃·湖北风味》收录了武汉重油烧卖的制作工艺（以一次制作240只为例）：

原料（每份八只，制三十份）：

上白面粉四斤五两，糯米一斤五两，猪肉皮冻六斤，去皮鲜猪肉一斤五两，酱油三两，虾子一两，胡椒粉一钱，精盐三两，味精一两，葱花三两，熟猪油二斤。

制法：

1. 将面粉倒在案板上，中间开一小窝，放入精盐五钱和清水二斤，用手使劲搓揉，揉到面团柔软、光滑而有韧劲。

2. 把糯米放清水盆中浸泡四小时，捞出沥水，冲洗净酸味，放入甑内，置旺火沸水锅上蒸至半熟，洒一次清水，续蒸至熟（不宜蒸得太软），出锅，倒在案板上晾凉。

包好的重油烧卖

3. 猪肉洗净，切成黄豆大的丁。

4. 炒锅置旺火上，下熟猪油（二两）烧至六成热，将猪肉丁下锅煸炒，直炒到猪肉吐油时，加入酱油、精盐（二两五钱）续炒，直到猪肉卷缩透味，起锅盛在盆内晾凉，倒入凉糯米，加入熟猪油（一斤八两）、猪肉皮冻（斩碎）、虾子、味精、胡椒粉、葱花一起拌匀成馅。

5. 将案板上撬好的面团稍揉，切条。一条条地搓成半寸直径的圆条，揪成重二钱的面剂二百四十只，逐个用擀锤擀成似荷叶边的圆皮。取一只放在左手掌上，用竹片挑入七钱糯米肉馅，右手轻轻一捏（捏时不宜太松或太紧），依此法边做边放在铺有松毛的笼屉内待蒸。

6. 大铁锅置旺火上，放入清水烧沸，将笼屉放在沸水锅上蒸五分钟，揭笼盖洒一次水，续蒸两分钟出笼即成。

和面的时候加入清水和盐，能让面有韧劲，使劲揉到光滑柔软，这样在蒸的时候面皮不会破裂，可避免露馅漏油，吃起来也更有嚼劲。

把糯米放清水盆中浸泡 4 小时是为了将米泡透，这样既容易蒸透也能去除杂质和不饱满的糯米，再用清水冲洗糯米至没有异味。糯米不宜蒸得太软，所以要洒一次水，太软的话容易黏成团。猪肉切丁而不是剁成肉泥，是为了方便调制馅料，同时能增加鲜香口感。

重油烧卖的特点是油多味香，制作馅料时用熟猪油炒猪肉丁，肉丁中的油被炒出，加入糯米后再加入足量的皮冻和熟猪油。虾子、味精用于提鲜，这样的重油烧卖不仅有油香，而且鲜香十足。

重油烧卖不仅要鲜香，而且要造型美观，蒸制的时候洒一次冷水，是为了避免烧卖在高温作用下变形。

随着生活水平提高、健康意识增强，人们不再喜欢重油，各店主也随着市场需求而变化，制作了出一些口味清淡的烧卖。

五、烧卖的新潮吃法：油饼包烧卖

油饼包烧卖

不知哪位聪明的武汉人，又创造了一种新的烧卖吃法——油饼包烧卖。它迅速蹿红，风靡江城，武汉人尤其是年轻人非常喜欢。

油饼是我国各地都有的食物，用沸水烫面，下油锅炸制，炸到双面红亮就捞出。油饼包烧卖是一种新潮吃法，把两种与众不同的小吃放在一起食用，让人们一次就能享用两种美味，为以过早闻名天下的武汉又增加了一道地方名吃。

包烧卖的油饼要特殊制作，比普通的厚一些，侧面用刀切开一个口，把刚出笼的烧卖放进去，热乎乎，香喷喷。油饼与烧卖的口感相互交织，吃完唇齿留香。

（撰稿：李明晨）

江城饭团滋味多
——糯米包油条

我国江南地区气候温暖、雨水充沛，自古就是盛产稻米之地，这塑造了南方以米饭为主的饮食习惯。但南方人并不满足于日常的饭食，为了追求多样化的食物需求，他们将稻米的食用价值开发得淋漓尽致，在烹饪方式和口味调制上用尽巧思，创造了花样繁多的米制食品。糯米和油条，在外人看来本是两种毫不相干的食物，在武汉这片土地上却互相碰撞，产生了奇妙的“化学反应”，诞生出新的小吃品种——糯米包油条。

糯米包油条

一、糯米包油条的发展：源于传统，精于创新

糯米包油条的创意来自中国的传统早餐文化。古代劳动人民出于劳作的需要，白天常常无暇生火做饭，为了方便随身携带食物，他们便将油条包裹在糯米饭中，饥饿时可直接拿出享用。糯米包油条能带来较强的饱腹感，后迅速普及推广。

武汉民众多爱米食，但并不排斥面食，常见的餐食往往有着很高的碳水化合物含量，“碳水之都”的称号即源于此。武汉人在食物的选择上表现出多元化倾向，也会对外来品种加以改进以形成符合本地饮食习惯的新品种。糯米包油条就是一道典型的融合传统与创新的武汉特色美食，它的表层散布着香脆的黑芝麻，内部则是软糯的糯米饭和富有嚼劲的油条，米白色与金黄色交相辉映。看似普普通通的油条，裹上一层厚实的糯米饭，外层香甜绵软，里层香酥耐嚼，一口咬下去，糯米干而不硬，油条酥脆，二者在嘴中辗转交织，让人回味无穷。由于两种食材均不容易消化，因此无论“过早”还是“过中”，糯米包油条都不失为一个很好的选择。此外，还可通过添加不同食材和调味料，变化出咸、甜、辣等多种口味，不仅增加了口感的层次感，也可满足不同人群的需求，这从侧面体现出武汉人对食物的包容性和创新性。糯米性温，具有很好的滋补作用，但黏性较强，难以消化，因此不能过量食用。

二、糯米包油条的制作技艺：匠心独运，口味多样

糯米包油条的制作流程并不复杂，需要准备白糯米和油条两种主要食材，有些人会选用紫糯米或掺杂多种糯米。白糯米和紫糯米的区别在于前者口感较为软滑，后者更香但口感偏硬。

糯米浸泡一夜，淘洗干净后放入锅中加水蒸熟，但糯米具有不易吸水的特性，故蒸糯米时水量需要把控，过多会导致糯米过黏，应蒸至饭粒晶莹透

蒸熟的糯米

切好备用的油条

亮为宜。用勺子取出糯米团铺在保鲜膜上（根据个人喜好，可先铺上一层海苔），再刷上适量食用油，用擀面杖将糯米擀至均匀平整，撒上适量的白糖、碎花生、碎核桃仁和黑芝麻。但白糖只能选用砂糖，使用糖浆或红糖的效果会大打折扣。依照不同的口味需求，还可将配料换成腌菜、土豆丝、海带丝、肉松、香肠等咸味食材。最后，将切成段的油条置于上方，趁热将糯米向上卷起，卷成圆筒状，用力握紧即可握成型。如糯米卷过长，可用刀切成两段，这道糯米包油条就制作好了。步骤看似简单，却是反复尝试和优化后所呈现的制作工艺。曾有诗如是云："油条弄巧，糯米填心，十指轻巧一裹，松脆软糯喜相逢，便胜人间美味无数。"说的正是糯米包油条独具匠心的制作手法。

三、糯米包油条的街头传承：留住记忆，坚守初心

糯米包油条是许多老武汉人的童年回忆，特别是在冬天的上学路上，走到小摊前驻足，认真挑选好口味，小心翼翼地将美食接到手中，一面走一面

制作好的糯米包油条

吃，属实是“蛮扎实”的一餐。这种快捷式过早，至今都是武汉人上班、上学路上的习惯。如今的武汉，热干面等名点遍地可寻，糯米包油条本身存在感并不算强，正宗地道的则更难寻觅，它一般隐匿于巷弄而非繁华商圈中。近些年，在武汉早餐界，经营糯米包油条的店铺并不多，有名气的就更没几家了。如今许多老店已随着城市变迁逐渐消失，但依然有人坚守着开店的初心，存留着独属于武汉人的记忆。

以汉口的何嫂糯米包油条为例，“拿在手中是特别有分量的一种小吃”——这是武汉人对它的评价。何嫂这间小店隐藏在循礼门渣家路的一个小区内，虽位于“陋巷”之中，经营规模也不算大，却是拥有二十多年历史的老店。无数个清晨的坚守，二十多年如一日的手工制作，对食材、配料、工艺的一贯坚持，那几十秒制作一个的动作，在流动的时光里反复，成就了这家小摊的有口皆碑。近些年多家媒体登门采访报道，在互联网上引起广泛关注，引得众多食客从武昌、汉阳奔赴这里，只为品尝那一口美味。何嫂的生意也因此异常红火。

何嫂并无标准的经营门店，在巷子口搭起棚子、支起桌子，放上木砧板，铺上一块干净垫布，各种调料整齐盛放在小碗中，糯米包油条的生意就开张了，虽然是路边摊，但十分注重环境卫生。买一个拿在手中，分量十足，配料丰富，两头蘸满了黄豆粉和白糖，在嘴里细细咀嚼，可发现糯米中带有黄豆和芝麻的香味，油条脆而不枯，牙口不好的人也能接受。整个米团以甜味为基调，甜中夹杂辣味，椒盐的存在增添了几分复杂的味道，辣香干丁让口感更丰富，让人不会觉得过于甜腻。在这样“拐弯抹角”的小巷子里，无论什么时间去，总能看到排着的长队。

除此之外，汉口山海关路的徐氏糯米包油条、水塔街的李氏糯米包油条，也吸引了大批游客前往“打卡”，共享这份独属于武汉的味道。

糯米包油条在创新中不断发展，可供添加的食材也不断丰富起来，但太多的选择也往往让人无从选择，反而使人怀念起曾经最简单、最朴素的味道。真正的美食是岁月积累的精华，而非横空出世、一拥而上的短暂辉煌。在飞速运转的大都市里，忙碌之余的人们总在找寻着宁静和满足，而一间路边小店、一个街隅摊位，承载的是热气腾腾的人间烟火气，安抚了无数打工人身处尘世的浮躁。

糯米包油条不仅是一道美食，更是一种生活的态度，一种文化的传承，一份情感的寄托。

（撰稿：廖子辉）

一口软糯，十分香甜
——红糖糍粑

武汉的街头巷尾，有着一种传统小吃，承载着深厚的文化底蕴和浓郁的地方特色。它不仅滋养着武汉人的胃，是这座城市舌尖上的骄傲，而且让每一个人的味蕾都沉浸在岁月的深情中，唤醒人们心底的共鸣与回忆。它就是红糖糍粑，一份流淌在城市血脉中的家乡情怀，一首贯穿于历史长河的美食插曲，一个连接着过去和现在的文化符号。

红糖糍粑

一、禾下之梦：红糖糍粑的历史之韵

红糖糍粑，源于中国南方地区，是稻米文化的瑰宝。传说，吴王阖闾委托伍子胥修建了著名的阖闾大城，并定为国都。夫差即位后，先灭越国，后伐齐国，取得了巨大的成功，伍子胥却心事重重。他告诫身边人："大王喜而忘忧，终究难有好下场。我去世后，若国家遭难，民众饥馑，可在城门下掘地三尺，必能找到充饥之物。"勾践灭吴后，城内百姓食物匮乏，饿殍遍野。有人忆起伍子胥的遗言，暗中拆毁城门，果然在下面发现了用熟糯米制成的砖石。人们不禁惊叹伍子胥的卓识与智慧。于是众人将那些糯米砖轻轻敲碎，再度蒸煮，食用时蘸上红糖和黄豆粉，获得了难得的美味与满足。此后，每当秋天稻谷丰收之时，家家户户都会围坐在一起制作红糖糍粑。糍粑的圆形寓意着团聚和完整，使它成为人们的节日礼物，传递着祈求来年好运的深厚情感和真诚祝福。

红糖糍粑的制作承载着对历史传统的忠实守护。在一个静谧的厨房里，晨光洒在大理石台面上，映照着白如雪的糯米粉和晶莹剔透的红糖，它们仿佛在述说着悠久的故事。糯米粉如同细腻的云朵，散发着淡淡的米香，期待着红糖的温柔拥抱。红糖的色泽如同落日余晖，它甜蜜而温暖，为整个过程增添了一抹深邃的色彩。面粉中的清水形成一条柔软的河流，轻轻流淌，将糯米粉和红糖包裹在怀中。搅拌间，清水发出的声音既柔和又有力，将粉凝聚成糍粑糊，仿佛整个空间都被香甜气息环绕。蒸笼上升起水蒸气。糍粑糊均匀地铺展开来，厚度恰到好

制作红糖糍粑

处，等待着热气的抚慰，以便化为一块块完美的糍粑。蒸煮的过程宛如岁月的凝固，15 至 20 分钟后，糯米粉与红糖在热气中舞动，相互融合，成就了糍粑的甜美和软润。当糍粑冷却下来，被切割成小块或小条，仿佛丰收的果实，被静静摆放在盘子里。薄薄的黄豆粉或糖粉，犹如星辰，为每一块糍粑增添了一抹光辉。你可以直接享用，或稍作烘烤，感受其香脆。这不仅是一道美食，更是触动心灵的东西，每一口都充满了丰富的层次和细腻的口感，红糖的浓郁香甜与糯米的香气交相辉映，鲜明地展现了中国传统糕点的卓越魅力。

从选择上等的糯米，到精准掌握蒸煮火候，再到精确控制红糖的用量、使用娴熟的煎炸技巧，每一个环节，均是对一种独特烹饪技艺的延续，在武汉人心中，红糖糍粑不仅代表着美味，更寄托了他们对家乡传统的热爱与传承。它不仅是一种食物，更是一个故事，一根连接时光的纽带。每一次咀嚼，都蕴含着丰富的文化内涵和人情味道，体现了武汉人对家乡的深厚情感和独特地域文化的真挚热爱。

二、现代雅致：红糖糍粑的创新魅力

随着时代的变迁和人们口味需求的多元化，红糖糍粑并不止步于传统的桎梏，而是在不断地进行创新和发展。在岁月的轮回中，武汉人以无限的创意和激情，赋予了红糖糍粑新的生命和意义。每咬一口糍粑都是一次时光的穿越，让我们感受到这座城市独特的美食魅力和不断创新的活力。

在口味创新方面，武汉的厨师们展现出了独特的创意和精湛技艺。他们不仅保留了红糖糍粑的精髓，还巧妙地将创新元素融入其中，赋予了红糖糍粑全新的生命力和魅力。传统的红糖糍粑是以红糖、白糖为主要甜味来源，但在武汉的改良版中，许多厨师通过加入地方特色食材，丰富了口味的层次，特别是酸味的融入，使得这道甜品更具武汉特色。酸梅粉是武汉红糖糍粑创

“爆浆”的红糖糍粑

珍珠红糖糍粑

新中不可忽视的食材之一，是武汉当地常见的调味品，酸梅具有明显的酸味与轻微的甘甜，通常在夏季用来消暑解渴。在红糖糍粑中，酸梅粉被巧妙地撒在糍粑外层，或者混进红糖糖浆中，赋予糍粑一种特有的酸爽感，使糍粑的口感层次丰富，既清新解腻，又能够刺激味蕾。

在制作工艺方面，武汉的厨师们依托传统工艺，通过精准的智能温控系统来调节温度，确保每一块红糖糍粑在烘焙过程中都能达到最佳火候，这样能让糍粑外皮金黄酥脆，内里软糯且韧性十足。更为独特的是，武汉糍粑的个性化定制服务为这道美食增添了新的亮点。例如，有些店铺推出了“黄鹤楼”主题的定制糍粑，外形模仿黄鹤楼的轮廓，创造出一款兼具美味和视觉冲击的创新糍粑。

在市场推广方面，武汉红糖糍粑未来将更加注重与武汉地方文化的深度结合，推出创新产品，丰富消费者的选择。结合武汉独特的文化活动，如“武汉花博会”“武汉汉街文化节”，推出与这些活动相关联的限定口味或礼盒产品，使红糖糍粑与武汉的地方特色和节庆氛围紧密相连。通过这样的方式，品牌能够与武汉的本土文化共振，吸引消费者的关注和购买。作为一种拥有深厚文化背景的传统小吃，“江城文化”将成为未来营销的重要元素。本地品牌将充分融合武汉的历史遗址和文化地标，如黄鹤楼、湖北省博物馆、武汉长江大桥等，推出以这些景点为灵感的限量版产品或包装设计，进一步提升品牌的文化内涵。此外，还打造“文化旅游体验套餐”，在主要旅游景点设立专门的体验店，结合当地特色的导览服务和糍粑制作体验，让游客在游玩之余也能深入体验武汉的美食与文化。通过这种方式，不仅能够增强消费者对红糖糍粑的情感连接，也能进一步推动武汉城市品牌的传播和文化认同。

此外，武汉本地的小吃文化也为糍粑创意菜品提供了灵感。通过与户部巷的传统小吃店等合作，推出红糖糍粑煎饼或红糖糍粑炸酱面等创新菜品，不仅能让红糖糍粑的味道更加多样化，也能吸引消费者尝试与传统小吃相结合的新口味。这种深度融合，不仅提升了红糖糍粑的推广度，也加深了消费者对品牌的文化认同与情感连接，赢得消费者的长期信赖与喜爱。

总之，红糖糍粑是一种充满魅力和文化底蕴的传统美食。它承载着人们的情感和记忆，也见证了时代的变迁和发展。让我们一起品尝这口软糯、香甜的美食，感受它那深入人心的美味。同时，也让我们共同传承和发扬这一非物质文化遗产，让红糖糍粑在武汉未来的岁月里继续绽放光彩。

（撰稿：杨爱卿）

舌尖上的江城双娇
——生煎包与锅贴

湖北地处华中腹地，交通连接南北，素有“九省通衢”之美誉，更以其独特的美食文化吸引着四方食客。武汉的面点与小吃，在总体风味上和楚菜保持一致，选料广泛，技法多样，品种丰富，兼收并蓄，博采众长，口味以咸鲜为基调，香、酥、软、糯、酸、甜、辣兼而有之，重实用性而不尚虚华，讲大众化而不失品位。水乡的灵秀气息与山地的淳朴气质相辅相成，表现出“讲实用，重火候，尚滋味，图方便，有风度”的地域特点。

在武汉这座充满烟火气的城市中，美食丰富多彩，令人回味无穷。提及武汉，人们往往会想到热干面、卤鸭脖等经典小吃，但在这片美食的沃土上，生煎包与锅贴同样以其独特的魅力，成为武汉人日常生活中不可或缺的一部分。这两种小吃，不仅承载着武汉人对美食的热爱与追求，更蕴含了深厚的历史文化底蕴和制作工艺的精髓。

一、生煎包：表皮酥脆肉汁溢香

包子历史悠久，相传最早出现于三国时期，彼时叫“馒头”，“包子”之名始见于五代。北宋陶谷《清异录》中有关于“绿荷包子”的记载，诗人陆游有《食野味包子戏作》一诗。北方的包子大多用蒸的方法制作，而生煎则在南方盛行。

生煎包的发源地在苏州，开业于1911年的吴苑茶馆，其生煎馒头最为出名，随后生煎这一方法流行于江浙沪一带。相传，生煎包是由一位上海师

新鲜出炉的生煎包

傅带到武汉的，他发现武汉人喜欢外焦里嫩的口感，于是在原有的基础上进行了改良，使之更加符合武汉人的口味，由此生煎包在武汉这片土地上获得新的生命。它的历史虽不长，却在武汉人的日常生活中占据着不可替代的位置。

有道是“皮薄不破又不焦，二分酵头靠烘烤，鲜馅汤汁满口来，底厚焦枯是败品”，生煎包的制作，离不开手艺人的匠心独运。

生煎包的制作过程，是一场对面粉、馅料、火候的精细掌控。首先，选用优质面粉，经过和面、醒发、擀皮等工序，制作出薄而韧的面皮。馅料则精选猪前腿肉，经过剁碎、调味等步骤，保留肉的鲜嫩与多汁。包制时，师傅们手法娴熟，将馅料巧妙地包裹在面皮中，封口处捏出漂亮的花纹。随后，生煎包被整齐地摆放在平底锅中，经过小火慢煎，底部逐渐变得金黄酥脆，内部则保留了丰富的汤汁。生煎包讲究皮薄馅嫩，需要师傅们精准控制火候，使包子底部金黄酥脆，而顶部则保持柔软。

生煎包独特之处，在于其皮薄馅大、外脆内嫩、鲜香多汁。外皮经过煎制后，变得金黄酥脆，咬上一口咔嚓作响。而内里的馅料，则鲜嫩多汁，与外皮形成鲜明的对比，使得每一口都充满了层次感。此外，有些店还提供了特制酱料，甜中带咸，还有一丝直抵喉咙的辣，为这道小吃增添了更多的风味。

二、锅贴：香脆饱满诱人

金灿灿的锅贴，像弯弯的月牙，咬一口汁水丰盈，集香酥、软嫩两种气质于一身。锅贴的故事历史悠久，每一个锅贴背后，都有着一段动人的传说。

据传，北宋建隆三年（962）正月初一，因皇太后丧事刚完，宋太祖赵匡胤不受百官朝贺，不思茶饭。午后独自在院中散步，忽然一股香气飘来，他顿感心旷神怡，循着香气走到了御膳房，但见御厨正将剩饺子放在铁锅内煎着吃。赵匡胤几天没好生进食，此时香味勾起了食欲，就让御厨铲几个给他尝尝。这一尝不要紧，他觉得这饺子焦脆软香，煞是好吃，于是一连吃了四五个。后问这食物叫什么名字，御厨一时答不上来，赵匡胤看了看铁锅，就随口说："那就叫锅贴吧。"正月十一赵匡胤到迎春苑举行宴会，宴请大臣时让御厨做了这道锅贴给大家享用，众大臣食用后倍加赞赏。后来锅贴从宫中传到了民间，经过历代厨师的不断研究和改进，最终成为如今的锅贴。

然而在武汉这个南北文化交融的城市，锅贴也融合了南北风味。武汉锅贴的历史可以追溯到很久以前，尤其是宝庆街的大锅贴，据说这种锅贴的制作技艺是当年宝庆帮去南京、上海拜码头时学来的，结合了下江人的细腻和邵阳人的麻爽，形成了独特的口味。宝庆街的锅贴比普通的锅贴大一些，两头开口，制作工艺独特，使用大平锅在烧煤球的大土灶上炕制。遗憾的是，宝庆街的大锅贴随着 2015 年宝庆街的拆迁改造而消失，这独具一格的锅贴文化已经成为武汉饮食文化中永恒的记忆。

香脆诱人的锅贴

不同于其他城市，在武汉，锅贴不仅一日三餐都能吃，甚至与消夜紧紧相连，顺着晚间的小吃街，随便走进一家小吃店都能寻找到锅贴的身影。在武汉这个充满活力的城市，锅贴也有了自己的“两副面孔”，清晨它是令人饱腹又满足的“过早”，夜晚它是夜宵的完美搭档。

锅贴的制作较为复杂，主要包括制作馅料、擀皮、包馅、煎制等多个环节。其制作过程，同样充满了匠心和技艺。首先，选用优质面粉和馅料，肉馅混合白菜、韭菜等蔬菜，经过精心调配，确保每一个锅贴都能达到最佳品质。擀皮时，中间厚、两边薄。在包制过程中，将调制好的肉馅包裹在薄皮中，捏出精美的花边，形成弯月形。随后，锅贴整齐地摆放在平底锅中，最后加水，用中小火煎熟。煎制过程中，三五分钟便香气四溢，锅贴底部逐渐变得金黄酥脆，内部则保留了馅料的鲜美和汤汁的浓郁。

锅贴的口感可以用“酥脆可口、鲜美诱人”来形容。锅贴的特点是皮薄馅大，底部金黄酥脆，上层稍带黏性，口感独特。底部经过煎制后变得金黄酥脆，咬上一口，满口留香；而内部的馅料则鲜美多汁，与外皮形成了完美的搭配。此外，锅贴还可以进行创新，其馅料多样化，既有猪肉大葱、猪肉韭菜等传统口味，也有海鲜、素菜等选择，使得食客每一季都能品尝到不同的美味，满足不同的口味需求。

四、传承与发扬：武汉小吃的新篇章

武汉的名点多与武汉的码头文化息息相关，生煎包和锅贴也不例外。在那个船来船往的年代，它们都是码头工人喜爱的美食，不仅方便打包携带，更能迅速补充能量，它们早已成为武汉码头文化的一部分。

随着时代的发展，生煎包和锅贴在保持传统工艺的基础上不断创新，如改良馅料、调整煎制技术等，以迎合现代人对美食的更高要求。

一些店家在传统口味的基础上，推出了麻辣、芝士等新口味生煎包，以满足多样化的口味需求。同时，越来越多的商家将生煎包和锅贴进行融合，也更加注重提升服务质量和就餐环境，让顾客在品尝美食的同时享受到愉悦的用餐体验。这种既守正又出奇的精神，使得武汉生煎包在激烈的市场竞争中始终保持着旺盛的生命力。

生煎包和锅贴作为中国传统的地方小吃，在口味、制作工艺以及文化传承方面，各具独特魅力。随着武汉城市的发展，这两种小吃也在走向全国乃至世界，成为武汉的名片。它们不仅仅是食物，更是武汉人情感的寄托，是这座城市独有的味道，更是对历史和地方文化的传承，通过每一口的味觉享受，让人们感受到时间和历史的沉淀，体味到生活的丰富多彩。无论是老武汉人，还是初来乍到的游客，都会被这两种小吃所吸引，它们承载着武汉的历史，讲述着武汉的故事，是舌尖上的“武汉情”。

（撰稿：丁文慧）

饺韵悠扬，脆香难忘
——酥饺与鸡冠饺

“小家妇女学豪门，睡到辰时醒梦魂。且慢梳头先过早，粑粑油饺一齐吞。”这是《汉口竹枝词》描绘的武汉人吃早餐的场景。武汉自古便是商贸繁华之地，其独特的地理位置和悠久的历史文化，孕育了独树一帜的小吃文化。武汉的早餐可谓包罗万象且兼具南北风味，粮道街的香糖酥饺、山海关路的李记鸡冠饺等，引得游客流连忘返。在这里，每一种小吃都承载着深厚的文化底蕴和浓郁的地方特色，酥饺和鸡冠饺便是这座城市舌尖上的骄傲。

一、江城食光，楚馔流芳——武汉饺韵

《楚辞·招魂》曾言“大苦咸酸，辛甘行些”，意为“调味有酸、甜、苦、辣……五味俱全，真是不差”。武汉的面点小吃，在总体风味上和楚菜保持一致，博采东西南北各家之长，口味以咸鲜为基调，兼具香、酥、软、糯、酸、甜、辣。酥饺和鸡冠饺在口味上各占甜、咸一方，在口感、形态和馅料上各有千秋。

鸡冠饺和酥饺体现着武汉饮食文化的特点与个性。作为荆楚文化重要组成部分的荆楚饮食文化，历史悠久，地域特色鲜明。一是开放包容，勇于创新。荆楚文化在发展过程中以“抚有蛮夷……以属诸夏”的胸襟，在南北文化中兼收并蓄，融会贯通，这一特点在武汉饮食文化中得到了充分体现。武汉地理位置优越，自古以来商贾云集于此，带来了不同的饮食风味和习惯，武汉人在立足本地的基础之上，将外来的饮食文化加以融合改造，制作出了独特

的酥饺和鸡冠饺。二是方便快捷。武汉位于长江与汉江交汇之处，码头遍布，在此背景之下催生出了武汉的码头文化。码头工人需要价格实惠的早餐快速填饱肚子，以适应码头工作的高强度，各种粉面和油炸类的早餐便被发明出来。酥饺和鸡冠饺购买方便快捷，可边走边吃，这也是武汉过早的独特性。

二、色似雪花，形如扭丝——酥饺

酥饺是武汉传统的代表性小吃之一。单从名字来看，酥饺应是一种油炸饺子，但它看起来更像是油条，实际上是裹着糖霜的糯米团子。如若用一个字来形容酥饺，那便是“糯”字。糯米是一种温和的滋补品，有补气、补血、健脾暖胃等作用。糯米制成的小吃在武汉小吃中占有一席之地，且花样繁多。武汉酥饺名“饺”而并非饺，和鸡冠饺口味和形状大不相同，也异于广东酥饺。广东潮汕的酥饺外观和饺子一样，边沿常捏成花边，里面包的是花生、芝麻、

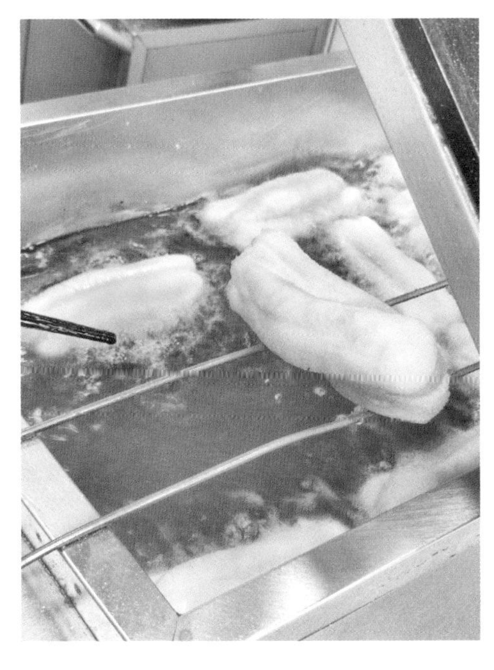

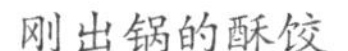

刚出锅的酥饺

酥饺的蘸粉

糖混合而成的馅，用油炸成。武汉酥饺是用糯米做成，炸成之后外面裹上一层蘸粉，蘸粉的甜和糯米的糯融为一体，外酥内软，糍糯爽口。

酥饺制作工艺复杂，制作主料是糯米。首先，要将糯米放在水中浸泡五至六个小时，再将其磨成米浆，吊装起来，待沥干水分之后，反复揉搓，再将揉好的面团放进冰箱冷藏，这是吊浆发酵的过程，也是酥饺的酒香味之来源。当吊浆发酵好之后，将其搓成长条，拧成麻花状生胚待用。之后，起锅烧油，待油热将酥饺生坯放进油锅里炸，炸至金黄即可出锅沥油。

不得不提的是，酥饺身上的“神来之笔”就是它外面包裹的一层蘸粉。酥饺蘸粉是糯米、黄豆和芝麻三者炒熟之后磨成的粉与白糖的混合物。蘸粉细腻绵甜，食之回味无穷。最原始的酥饺蘸粉是白色糖霜，所以酥饺也常被称为“雪花酥饺”“糖酥饺”。但今天，酥饺蘸粉也趋于多元化，店家推出了桂花、红糖、黑芝麻、核桃、海苔、肉松等口味，为酥饺增添了更多层次的风味，也体现了汉味小吃文化开放创新的特质。

酥饺制作过程看似简单，但是要想做得地道，需要的是长时间的反复摸索和尝试。过去，卖酥饺的摊子遍布武汉大街小巷，现在数量远不如前，许是因为酥饺制作工序繁多，利润又薄，愿意花费时间与精力做它的人越来越少。这也使得人们在吃上那一口热气腾腾的酥饺时，心中会产生对这座城市的深深怀念。

三、外酥内香，色泽金黄——鸡冠饺

鸡冠饺是武汉地道的过早美食，因形如鸡冠而得名。鸡冠饺色泽金黄，皮脆馅香，蓬松可口，营养丰富。鸡冠饺曾被叫作炸饺子，据说外地“排老大”放排经过汉口，天刚蒙蒙亮便上岸过早，吃了这种炸饺子后觉得格外美味，便询问店家：“这叫啥？”店家误听为“咋这早”，便回了一句：“鸡公都叫了。”排老大也不太听得懂武汉方言，听成了“鸡公饺”。“鸡公饺”

这一名字就此传开，后又演变为“鸡冠饺”。

鸡冠饺虽小，却藏有大学问，从选料到制作都体现着手艺人的功底。

制作鸡冠饺的原料以面粉、糯米、猪肉末为主，辅以食用碱、白糖、食盐、味精、胡椒粉、葱姜末和芝麻油等。

鸡冠饺的制作过程讲究细致，可分为和面、调馅、包制和炸制几个关键步骤。

第一步，和面。武汉的鸡冠饺采用老面发酵。所谓老面，是指当天发酵好的面团，留下一部分作为第二天发面的酵子。面粉加上老面和适量清水，揉成面团。在清水的选择上有冬用温水、夏用冷水之说。揉面过程中不可或缺的一步就是打碱。有的店家常用打水碱的方式，将碱化开，调到面粉里面。搅拌打碱的过程中会有气泡往外鼓，饺子好不好吃，关键就在打碱上。打完碱之后醒面，待面团二次发酵，直至发出酒香味，就表明面发好了，之后便

刚出锅的鸡冠饺

可加入芝麻油，揉匀揉透待用。

第二步，调馅。糯米洗净，浸泡约 5 小时后捞出蒸熟，晾凉入盆，再加入猪肉末、食盐、白糖、味精、胡椒粉、葱姜末等，一起调制成馅料待用。

第三步，包制。将面团揉成条状后切成大小均匀的面剂，再把面剂擀成圆饼状的面皮，包入馅料，将面皮对折捏拢，做成鸡冠形状的饺子生坯待用。

第四步，炸制。将油锅置中火上，倒入食用油烧至约 160 摄氏度时，将饺子生坯逐个投入油锅中，翻面炸制，炸到金黄色或更深一些的颜色之后起锅即可。

酥饺情韵长，鸡冠香满城。无论是酥饺还是鸡冠饺，带给人们的不仅是味蕾上的享受，还承载着武汉人对生活的热爱和对文化的传承。它们以独特的口感和风味，为武汉的饮食文化增添了浓墨重彩的一笔。随着时代的变迁，虽然一些传统的制作工艺逐渐淡出人们的视线，但鸡冠饺和酥饺见证了武汉的历史变迁与繁荣发展，在今天也依然保持着它们特有的魅力，带着人们在忙碌的快节奏生活中去感受专属于老武汉的那一份烟火气。

（撰稿：陈庆平）

软糯香甜人欢喜
——欢喜坨与油香

武汉以种类多样的小吃闻名于世，走在武汉的大街小巷，随处可以看到挂着各种招牌的小吃店。小吃制作方法多样，有蒸，有煮，有烫，有炕……油炸的小吃是其中一大类，其中圆鼓鼓的欢喜坨和扁圆的油香惹人喜爱，成为广受欢迎的武汉地方名吃。

欢喜坨与油香

一、阖家团圆心欢喜：欢喜坨的产生

欢喜坨，又称“欢喜团”“麻元宵”“麻鸡蛋”，那么它是怎么来的，为什么叫作欢喜坨呢？

金黄色的欢喜坨

《长江日报》的副刊《黄鹤楼》，曾刊载一个民间故事。传说清朝末年，湖北荆州城内有一陶姓人家，家人在战乱中失散，历经不少艰难，全家才得以团聚。陶家的长辈为了庆贺团圆，找出所存的糯米，经淘洗、磨浆、沥干后，掺进适量面粉、红糖搓成小球，再裹满芝麻炸熟而食。其意为大家犹如糯米，经淘洗、磨浆的磨难，最终得以团圆，以后要永远黏在一起，不再离散。谁知此物一经做出，香甜异常，吃得全家老少乐呵呵。陶家人干脆又炸了许多，拿到街上叫卖，生意十分兴旺。于是，陶家老人为纪念此物因团圆而来，便给它取名为“欢喜团”，陶家也因善制“欢喜团”而闻名。后来“欢喜团”传到武汉，武汉人便用方言称之为“欢喜坨”。

另一种说法是，欢喜坨由沔阳人传入武汉。据说在20世纪30年代，汉阳棉花街有一家沔阳人开的作坊，专做欢喜坨。店主用糯米粉和水搓成圆球，裹上芝麻，温油下锅，小火炸黄，起锅后倒入另一口有饴糖的锅中翻炒，再起锅，转入铺满芝麻的箩筐内簸动几下，欢喜坨就做成了。它形如核桃，外酥内软，甜而不腻，是当时流行的早点，沿街叫卖的小贩称它为“白糖欢喜坨”。

从这两种说法看，欢喜坨原是荆州、沔阳一带的小吃，是用糯米和糖制作的油炸类食物。这种食物圆圆的，象征团圆，香甜软糯则象征家人永不分开的甜蜜生活。家人团圆，生活甜蜜，是人们历来向往的。

至于为什么叫作欢喜坨，在沔阳也有两种说法。一说是欢喜坨胖乎乎、圆嘟嘟，看着如同大肚弥勒佛，惹人欢喜，佛又称“佛陀”，后来便将“陀”写成了“坨”。也有人说是沔阳人看到可爱的孩子就逗，把孩子叫作欢喜坨，意思是长得胖乎乎、圆嘟嘟的，惹人喜欢。沔阳人在汉阳卖的这种小吃也是胖乎乎、圆嘟嘟的，所以把它叫作欢喜坨，希望招武汉人喜欢。

也有人从武汉方言的角度解释欢喜坨名字的来由。武汉方言中把圆形的东西称为坨，把长得胖乎乎、圆嘟嘟的人戏称为“坨坨”。欢喜坨圆圆的，惹人欢喜，所以就被叫作欢喜坨。

二、欢喜坨新称大麻元

欢喜坨分为包馅与不包馅两种，包馅的被称为“麻鸡蛋”。欢喜坨虽味美，但主料为糯米，较难消化，且含糖量高，一次不可多食。

大麻元

欢喜坨近几年得到了进一步的改良，减少了馅料，甚至没有了馅料，外皮炸得更酥脆，做得更大更圆，类似广东、海南一带的煎堆。于是它又有了新的称呼：麻球、麻元。2004年，武汉明星花园酒店把“大麻元”成功申报为“中国名点”。街头常见的小吃成为中国名点，这对于武汉来说也是令人欢喜的好事情，说明武汉小吃得到全国认可。

欢喜坨和大麻元虽然是一种小吃的两种叫法，但制作方法有所不同，毕竟大麻元是改进后的产物。

旧时制作欢喜坨，还是要费些气力的。

第一步：磨浆。把糯米放在清水盆中浸泡一天一夜，充分浸泡后磨成米浆，用布袋装米浆，压干水分，倒在案板上，搓揉成颗粒状。

第二步：制坯。米浆搓揉好后加入红糖和面粉等拌匀，然后在盆内揉成光滑面团，让红糖充分融入糯米面团内。双手抹上棉籽油，揪一坨揉好的糯米面团，揉圆，搓条，揪成重一两五钱的剂子，逐个搓圆，裹满芝麻。

第三步：炸制。棉籽油下锅，放在旺火上，烧至七成热时，投入麻元坯，用锅铲缓缓推动，待麻元炸至漂浮时，用笊篱轻轻在锅边压麻元，使它越来越鼓，直至呈金黄色就可出锅了。

改良后的大麻元就简单一些。

第一步：搅拌。将白糖溶化，加入糯米粉、泡打粉搅拌成团。

第二步：制坯。将糯米面团揉搓成剂子，裹上白芝麻，再揉成球形。

第三步：炸制。锅中的油烧至 180 摄氏度，下麻元，用笊篱按压麻元，先轻后重，待麻元膨胀至拳头大小、色泽金黄且表皮变硬时捞起装盘。

金黄色麻元裹满芝麻，光泽油亮，外酥内软，又甜又松，香气浓郁，易于携带。这样的麻元一定要趁热吃，如果凉了就会变瘪了，口感也会变差。

三、外酥内软香甜蜜：油香

油香是与欢喜坨类似的一种武汉名吃，也是用糯米粉、面粉和白糖为原料，用油炸成的圆形食物，只是表面没有芝麻，不是圆球状，而是圆饼状。在有些地方，这道甜食叫作油炸糕，简称“炸糕”。

武汉的油香沿用了回族人民的叫法。武昌的起义门、汉口的民权路一带，

油香

回族人较多。这道小吃，是生活在武汉的各族人民饮食文化交流的见证，它是身处武汉的各民族人民共同喜爱的地方名吃。

过去，油香是武汉常见的小吃，香香甜甜的，令人垂涎。尤其是小孩子，一看到油香就会想方设法缠着父母给他们买。武汉油香以老同兴甜食馆的最为知名，它以烫面面团加适量老面做皮，以白糖、芝麻、蜜渍桂花为馅。色泽金黄、外酥内软、香甜可口，深受人们喜爱。

1984 年出版的《武汉小吃》收录了老同兴油香（以一次制作 50 个为例）的制作方法。

原料：

面粉五斤，酵面一斤，芝麻一两，芝麻油二斤（耗一斤），白糖九两，纯碱二钱，蜜桂花半两。

制法：

1. 炒锅置旺火上，放入清水烧沸后，将面粉徐徐下入锅内，边下边搅动，至熟透起锅，倒在案板上，加入酵面，用力反复搓揉，揉匀，揉透，盖上白布发酵（冬季半小时，夏季十分钟），待闻到酵香时，加入纯碱揉匀。

2. 将芝麻洗净沥干，在小火锅内炒，芝麻炸裂时盛出碾细入盆，放入白糖、桂花拌匀。

3. 案板上抹上食油，将酵面稍揉，搓成条，揪成（重二两一钱）面团，逐个拍成圆皮，包入糖馅（二钱），捏拢搓圆按扁，制成饼形。

4. 炒锅置旺火上，下芝麻油烧到八成热，将油香逐个投入锅内汆炸，边炸边拨动，炸至一面结壳呈黄色，翻面再炸，待两面呈金黄色捞出即成。

特点：

色泽金黄，外泡松，内软糯，馅香蜜甜。

尽管没有老同兴油香知名，但其他店家油香的制作也是比较复杂的。原料有面粉、老面、熟面粉、花生油、红糖、蜜渍桂花、食用碱、芝麻油、橘饼、白糖等。过去多用棉籽油，炸出来油香颜色发暗，后改用大豆油，颜色较浅。如今多用花生油或菜籽油。如要做豆沙馅的油香，还要准备好红豆馅或绿豆馅。这种油香双面金黄，中间微微鼓起。表皮酥香，馅料香甜软糯。偶尔吃上一个油香还是很惬意的，但不宜过量食用。

（撰稿：李明晨）

炎夏丝丝凉
——武汉凉面

进入 5 月，武汉气温便开始节节攀升，凉面就理所当然地上了街，全方位覆盖。街上早餐店、卤菜店、烧烤店、虾子店、汤馆、菜市场甚至酒吧，菜单上都出现了“武汉凉面”。凉面拌着稀释过的芝麻酱，入口爽滑，给人流动的清凉。它的芝麻香和热干面不同，柔和绵长，为火炉中的武汉人带来凉爽的气息。

武汉凉面

一、大唐“凉”风

在众多夏季美食中，凉面无疑是武汉人炎夏餐桌上的宠儿。凉面，古称“冷淘”，其历史源远流长，最早可追溯到唐代。唐代的面食比以往丰富，面条的品种增加了许多。杜甫、白居易、刘禹锡等诗人都歌咏过的“冷淘”，即过水凉面，风味独特，清凉解暑。杜甫曾描写槐叶冷淘的制作过程和食用体验。尽管凉面的确切起源地难以考证，但它在武汉盛行与发展，与这座城市独特的地理位置、气候条件以及饮食文化紧密相连。

武汉凉面的真正兴起，首先是与夏季持续高温的气候密不可分。在酷暑难耐的日子里，吃什么食物都提不起劲，除了凉面。一碗清爽的凉面，不仅能为人们带来味蕾上的享受，更能起到解暑降温的作用。因此，武汉凉面逐渐在民间流行，并形成了自己独特的风味和文化。

二、融合南北

武汉凉面的制作工艺看似简单，实则颇为讲究。从原料的选择到制作的每一步，都蕴含着匠人的智慧和经验。

首先，原料的选择至关重要。武汉凉面多选用细碱面作为主料，不仅根根分明、易于入味，而且在口感上筋道细腻。配菜也是必不可少的。黄瓜丝、胡萝卜丝、绿豆芽等新鲜蔬菜，以及花生米、炒黄豆等食材，都是提升凉面口感的绝佳选择。此外，芝麻酱、辣椒油、蒜泥等调味料也是让凉面味美的关键。武汉凉面中的芝麻酱，是其独特风味的重要组成部分。优质的芝麻酱不仅口感醇厚，而且营养丰富，能够为凉面增添浓郁的香气。话虽如此，关于武汉凉面要不要加芝麻酱，却是人们长期争论的问题。有人支持加，认为凉面需要芝麻酱增香，这是凉面的灵魂；有人反对加，认为吃凉面图的就是清爽，加了芝麻酱后口感黏腻不爽口。这两派各执己见，都有不少支持者。

在很早的时候，凉面制作的要点就已定型。其要点是不加生蒜，要加蒜水，杀菌提味；熬复制酱油，去除生酱油的味道，增加复合口感；放醋，让口感更爽口更清凉。在作料方面，每个人心中的凉面都有所区别，但大都包含这几种配料：咸、甜大头菜，海蜇头与广式腊肠丁，海带丝，火腿丝，黄瓜丝，芽菜，虾皮，花生米，干辣椒煸的红油等。其实，作料只是一个加分项，毕竟物无定味，适者口珍。不过，我们由此可推断，这碗汉味凉面实际上是南北融合之物。

武汉凉面的面条偏细，是典型的南方面条。芝麻酱则北方人多用，而武汉人则创造性地将其运用到热干面及凉面中。大头菜以襄阳为最盛，当地又称它为“孔明菜”。海蜇头来自东部沿海。腊肠丁采用广式，来自岭南。这几种源自中国南北的风物，大抵只有在武汉这个交通枢纽城市，才能碰撞出一碗市井气息十足的凉面。

其次，在凉面制作过程中，要先将面条煮熟后捞出，用凉水冲洗至完全冷却，并沥干水分。这一步骤不仅能让面条更加清爽，还能防止面条黏在一起。接着，根据个人喜好，将各种配菜和调味料与面条充分搅拌。在拌面的过程中，要注意调料的用量，既要保证味道浓郁，又不能过量。特别值得一提的是，蒜泥和辣椒油的加入使得凉面的味道更加层次丰富，令人回味无穷。姜水、蒜水很重要，决定面条入口时是否爽滑，是否能刺激味觉。追求姜蒜辣味的店家，会花更高的成本买独瓣蒜和小黄姜。

三、正宗五要

1. 用细面，掸好面。凉面和热干面所用面条一样，都是碱面，同样需要提前“掸面”。所谓“掸面”，就是预先把碱面煮一下，摊开放凉，再抹上熟油。热干面粗一些，需要二次氽汤。掸面要技巧。面条必须是细长的碱面，热干面要生一点，七分熟，因为吃之前还需要再下锅烫一次；凉面要熟一点，九分熟，拌好放凉就可以吃了。拌凉面比拌热干面难，下锅瞬间面条就散开了，这时候捞起来有可能会不太熟，再等几秒钟又可能煮成一锅面糊，成败就在一刹那。

2. 配料多，要切丝。全料凉面，顾名思义，料肯定要全。常见的配料有大蒜、海带丝、黄瓜丝、胡萝卜丝、榨菜丝、腌菜、豆芽、火腿肠、酒鬼花生、皮蛋碎、香菜、小葱等。

3. 味型全，必放醋。武汉凉面味型比较丰富，属于全味，常用调料有盐、糖、味精、鸡精、胡椒粉、生抽、香醋、辣椒油、蒜水、芝麻酱、花椒粉（油）等，醋必不可少。

4. 搭着卖，“打游击”。在武汉，专门卖凉面的店铺不多，一般是早上搭着热干面卖，晚上搭着烧烤、虾子一起卖；否则就是推个快餐车，到处“打游击”。

5. 冰饮料，好搭配。不管是过早还是消夜，凉面的“好兄弟”一直都是冰绿豆汤或者冰豆浆。就像油条之于糊汤粉，糊米酒之于热干面。

凉面和绿豆汤

四、传统做法

首先准备原材料（以 400 克面条为例）：鲜细碱面 400 克、盐 7 克、黄瓜 1 根、火腿肠 1 根、生抽 1 勺、老抽半勺、醋 1 勺、辣椒油 1 勺、芝麻酱 1 勺、糖 2 克、葱适量、蒜 5 瓣、生姜 4 片、辣萝卜若干。

武汉凉面

然后架锅，加水，加一勺盐，水沸腾后放入碱水细面，煮 4 ~ 5 分钟。为了让面熟得更均匀，可中途点水一次。煮面过程中，可把配料都准备好。如把姜、蒜都切成末后泡在凉白开里（如果不喜欢吃姜就把姜切成片，方便食用时挑出），黄瓜切成一指长的细丝，芝麻酱加入香油后搅拌至拉丝，火腿肠切成细条。面煮好后捞出，放入装了凉水（最好是冰水）的大碗中冷却。把过水后的面沥干水分，放到锅里。快速在面上倒入足量芝麻油，并对着风扇扇出来的风拌面，拌到面不再有黏性即可。这一步骤是关键。等面凉透后夹面入碗，加入黄瓜丝、姜蒜水、剁椒、肉松、香油、香醋、生抽、火腿肠等各一勺，最后加入一勺芝麻酱即可。

五、家的味道

每一种地方特色美食背后，都隐藏着一段段故事和回忆。武汉凉面也不例外，它承载着无数武汉人的记忆和情感。

对于老武汉人来说，吃凉面的最佳场景，是在夏夜的屋外，摆起排排竹床，地上早已洒了凉水来降温。小伢会打着赤膊，带着一个鼓子（武汉人对金属锅的称呼），去打回一鼓子凉面，与家人一起分享。吃一碗凉面，喝一杯绿豆汤，数着星星入梦。

至于人们印象深刻的老店，以前航空路有家小店，其银丝凉面在某些食客心中称得上老武汉凉面的标杆。其面比一般凉面要细，用的是麻油调的芝麻酱，除了姜蒜水，还有海蜇丝。面是软的，海蜇丝是脆爽的，口感好极了。还有汉阳的“祁万顺”酒楼，其凉面也是一绝。

武汉凉面，不仅仅是一道美食，更是一种文化的传承和情感的寄托。

（撰稿：李亮宇）

焦香酥脆，洁白软糯
——武汉米粑

米粑，也叫米粑粑，是很有特色的湖北传统小吃之一。在江汉平原地区，它又叫溜粑。为什么有这个奇怪的名称呢？原来它是用大勺舀起发酵好的米浆倒在平底锅上溜成粑粑。因为米粑经常是成对出售，故又称对粑。

米粑是武汉市民爱吃的一种早点。它有多种口味，如红枣味、豆沙味等。刚出锅的米粑外壳金黄焦脆，内里洁白软润，吃起来糯糯甜甜，十分可口，吃后嘴中还会有淡淡酒香味。米粑的口感有点像发糕，但是因为多了外层的焦壳而口感更丰富。它不油不腻，甜香诱人，从娃娃到老人家，都喜欢吃。如果在米粑中夹上油条或者面窝，糯软中带焦脆，味道更加独特，老话说“拿

武汉米粑

肉都不换”，可见其受喜爱的程度。

一、米粑传说

米粑，作为一种以大米为主要原料制成的传统小吃，其历史可以追溯到古代农耕文明时期，虽无确切的文献记载，但民间流传着许多美丽的传说。

相传在古代武汉地区遭遇一场前所未有的大旱，庄稼颗粒无收，百姓生活困苦。为了解决粮食短缺问题，一位充满智慧的老农将家中仅剩的一点大米磨成粉，加入适量的水搅拌成浆，然后放在锅上蒸熟。出乎意料的是，蒸出的食物不仅口感软糯香甜，而且极易果腹。消息很快传开，村民纷纷效仿，米粑便由此流传至今。

事实上，米粑的产生与武汉地区的地理环境和气候条件密切相关。武汉位于长江中游，气候湿润，四季分明，盛产优质大米。这种得天独厚的自然条件为米粑的制作提供了丰富的原料，使之逐渐成为武汉人日常饮食中不可或缺的一部分。

二、做法简易

武汉米粑的制作过程主要有 4 步：

1. 选材：选用颗粒饱满、色泽洁白、无杂质的优质大米（300 克）作为主料。还需要准备适量的清水、白糖（或红糖）以及酵母粉等辅料。

2. 磨浆：大米浸泡在水中数小时，充分吸水后捞出沥干水分。大米也可晚上浸泡，第二天早上直接加工。磨浆需要掌握适当的力度和时间，以确保米浆的细腻度和黏稠度适中。用破壁机打出来的米粉会有颗粒，不需要过筛，做的米粑口味更佳。

3. 发酵：将磨好的米浆倒入容器中，加入适量的白砂糖、酵母粉、清水搅

制作米粑的配料

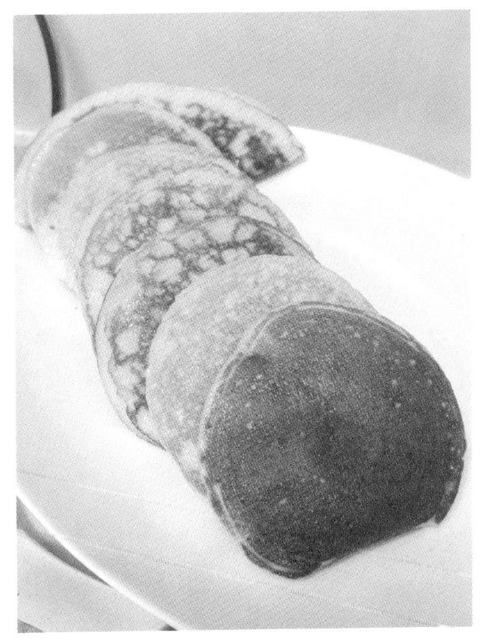
刷了油的米粑

拌均匀。盖上保鲜膜或盖子，放在温暖处发酵，直到表面出现许多孔洞并散发出酒香。发酵会使米浆变得蓬松有弹性，这是形成米粑松软口感的关键步骤，但是发酵时间过长的话米粑会发酸。

4. 煎制：家里有电饼铛最好，没有的话一定要用不粘锅。舀入一勺米糊，让其自然摊成圆饼。如果想要米粑颜色更加漂亮，可以先在锅内先刷一层油。盖上盖子，全程开小火加热两到三分钟，直到米粑两面呈金黄色即可出锅。米粑趁热吃更好吃，撒点白糖则口感会更好。如果喜欢软糯的米粑，就把它摊厚一点；喜欢脆香的米粑，就把它摊薄一点。

三、营养健康

随着人们健康意识的提高，越来越多的人开始关注食物的营养价值。米

传统米粑摊子

粑作为一种传统小吃，其健康、养生的特点也逐渐被大众所认识。

富含热量：大米作为米粑的主要成分，富含碳水化合物，是身体能量的重要来源，可满足日常活动的需求。

易于消化：经过发酵和煎制的米粑，易于人体消化，对于肠胃功能较弱的人群尤为适宜。

营养均衡：在制作过程中，可以根据个人喜好添加各种馅料和配料，如葡萄干之类，从而使营养更丰富。

低油少盐：相较于油炸或高盐食品，米粑中没有过多的油脂和盐分。

对于许多武汉人来说，米粑是一种深深根植于心中的美食记忆。在武汉的街头巷尾，总能看到人们排队购买米粑的情景。无论是忙碌的上班族，还是悠闲的老人和活泼的小孩，都抵挡不住米粑的诱惑。许多武汉人还喜欢在家中自制米粑，与家人共享这份温馨与甜蜜。这种亲手制作的过程，不仅是一种家庭活动，更是一种对传统美食文化的传承。

（撰稿：李亮宇）

年节食来年年高
——年糕

过年自古就是中国最为盛大的节日，无论富贵贫穷，家家户户都要制作过年的食物。北方蒸馒头、包饺子，南方则打糍粑、做腊味。有一种南北方均做的食物是年糕，只不过北方用黄黏米和红枣制作，南方用糯米制作。地处长江中游的武汉，过年时也食用用糯米制作的象征生活越来越好的年糕。

炒年糕

一、救人性命的年糕

我国是世界上最早培育水稻的国家，早在一万多年前，先民们就在武汉所处的荆楚大地上种植水稻，黏性的糯米也种植得非常早。不同于籼米和粳米，糯米黏性高，适合做黏糯的食物。据载，早在西周时期就有了“粉粢”，“粢”就是用糯米等做成的黏性食物，也就是说那个时候就有了用糯米制作的黏性食物。

这只是文献记载，按民间的说法，黏性食物的出现可向前推到远古时期。传说有一种叫作“年”的怪兽，在冬季会下山以百姓为食。后来有一个叫作“高氏族”的部落，在“年”下山之前，把粮食做成条块状的食物给它吃。“年”吃了这种食物便不再吃人，上山去了。逃过虎口的百姓为纪念“高氏族”的功劳，便把这种食物称为“年高”。这个传说听起来荒诞不经，但也反映了氏族社会时期人们与凶猛巨兽斗争的历史。

广为流传的说法是，年糕由楚国人伍子胥创制。《史记·伍子胥列传》载，伍子胥是楚大夫伍奢次子。公元前522年伍奢被杀，伍子胥经宋、郑等国逃到吴国。为报杀父灭族之仇，他帮助阖闾刺杀吴王夺取王位，整军经武，国势日盛，不久便率军攻破楚国都城，报仇雪恨。“鞭尸解恨，抉眼示忠。

伍子胥雕像

故国古今如梦，怒涛阻拦岁月风。登临长啸，斜阳映照海门红”，讲的就是伍子胥报仇的故事。

吴王阖闾派遣伍子胥在苏州筑城，并定苏州为国都。后来，吴王夫差战胜齐国班师回朝，伍子胥却忧心忡忡，默默无言。原来伍子胥预料夫差将对他下毒手，回到营房便对几个心腹说：“我死无妨，如国有难，民无粮可食，你们到城墙下挖地三尺，就能找到吃的东西。”没过多久，夫差果真加罪于伍子胥，逼他自刎。伍子胥死后，复兴的越国趁机攻吴，夫差连吃败仗，都城被围，军民陷入无粮可食的绝境。此时，伍子胥的部下忽然想起伍子胥生前所说的话，便带领军民去挖城墙，结果挖到好多可食的“城砖”。这些“城砖”全是用糯米蒸煮后压制而成，十分坚硬，既可当砌城砖，又可充饥。这些“城砖”救了不少吴国军民的性命。自此以后，每逢过年，吴国的百姓便家家蒸煮糯米，做成城砖的形状来纪念伍子胥，久而久之成为一种习俗，这种食物被人们叫作“年糕”。

二、年糕文化韵味浓

年糕虽然是一种常见的小吃，但其因历史悠久，蕴含着浓郁的文化韵味，武汉人对这道名吃情有独钟。

西周时期的粢，只是一种糯米做的黏性食物，后来的糍、糕与年糕的关系更近了一步。早在汉代就有了“稻饼”“饵”“糍”等名称。传说南北朝时的《食次》就记载了“白茧糖”的制法，其类似年糕。北魏贾思勰的《齐民要术》记载了将米磨成粉，再用米粉制糕的方法。唐朝时就出现了糕，但作为日常小食，不能入流，所以刘禹锡在重阳节食糕后，没有题写“糕”字。宋代，糕得到了士大夫的青睐。北宋著名文学家、湖北安陆人宋祁《九日食糕》写道：“飙馆轻霜拂曙袍，糗糍花饮斗分曹。刘郎不敢题糕字，虚负诗家一代豪。”这表明，唐代之前的糗糍，就属于糕类食物。过年吃年糕的习俗盛行于明清时期，尤以南方为盛。“年糕”一词最早出现于明朝，《帝京景物略·春场》记载：“正月元旦……夙兴盥漱，啖黍糕，曰年年糕。”

年糕厚实，蒸年糕需要大火和耐性，为避免出现夹生情况，蒸的时候切忌说“生”“夹”及其同音字，这成为习俗。民国时期，一些宣扬科学精神、破除迷信的媒体对这种年俗进行了批评，《图画日报·蒸糕》说：“磨粉蒸甑过年糕，取个口谶年年高。今年蒸得要比旧年好，糕面不硬底不焦。谁说蒸糕忌开口，说话多时糕难就。我想店铺糕司因何不用哑巴儿，不会讲话只动手。”

三、要买年糕到“德华”

地处鱼米之乡的武汉盛行做年糕和吃年糕。早在20世纪20年代，武汉的年糕就闻名四方。每逢年节临近，甜食店门口便有人排队购买年糕。其时，德华楼的水磨年糕最为知名，也最受欢迎。

德华楼属于老汉口的“京津帮”酒楼。1924年，天津商人李焕庭在民众乐园对面开了一座酒楼，取名“得华楼”，后改名“德华楼”。德华楼的包子和年糕享誉江城，每到寒冬腊月，人们赶来买年糕、囤年货。据说，那时买年糕的队伍，一度排到了六渡桥天桥。德华楼的年糕不光吸引着三镇食客，也吸引着包括梅兰芳先生在内的京城各大名角。他们来武汉演出期间，光临德华楼，宴席上自然少不了炒年糕等武汉特色菜品。

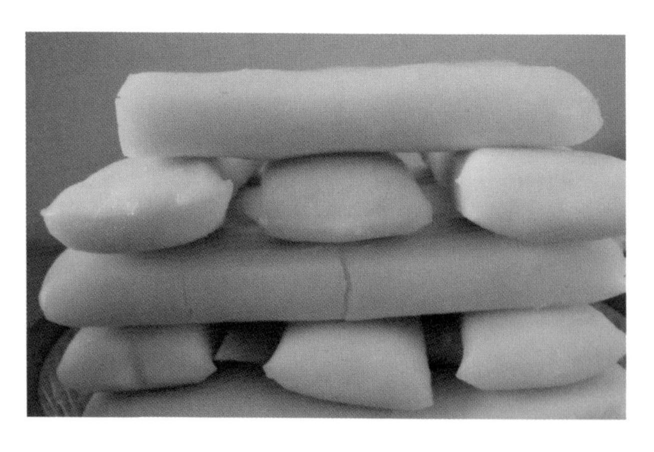

德华楼的水磨年糕

德华楼的年糕每年秋末到次年春初供应，选用当年新产的上等大米作原料，经十余道传统工艺精心制作而成，有“玉色晶莹、韧而光滑、煮而不糊、炒而不黏”的美誉。

据德华楼周围的老人回忆，德华楼年糕是由踹糍粑演变过来的。起初隔壁的惠民里有人用脚踩的方式做黏糕，后来改称年糕。制年糕选用大米作原料，经过泡米、磨浆、蒸制、配料、摊凉等十八道工序，用十多个小时制作而成。切片晒干后，或煎或炸，脆香甜酥，成为零食佳品，俗称“落口消”。在制作过程中，需以大火蒸制。德华楼年糕之所以好吃，靠的就是传统工艺和科学配方。

每年一到腊月，德华楼门前就排起长龙，男女老少欢声笑语，热闹不已。百年间，德华楼水磨年糕伴随着一代又一代武汉人成长，有着不可撼动的地位。食用过德华楼年糕的几代武汉人，总结出了它的三大特色。

其一是食用特色。因为年糕是原味的，消费者可以按各自的爱好随心所欲地处理，煎、炸、煮、炒、烤等，都可以呈现不同的风味。每到腊月，阖家团聚，围坐桌旁，拿上几条年糕，烤至两面金黄，蘸上适量白糖，吃到嘴里既香又甜，乐在不言中。年糕切片晒干，再用爆米花机一“爆”，又香又脆，可谓零食中的佳品。肉丝炒年糕，雪白的年糕切片，碧绿的时令蔬菜，淡红色的新鲜肉丝，炒出来的鲜美滋味，绝不输炒饭或者炒面。还有肉汤年糕，热油中加入年糕片、白菜、冬笋丝、几片金华火腿或新鲜肉，先炒几分钟，加入适量热水，再添上一点胡椒粉和芝麻香油，煮开即可。近几年流行新吃法——炸威化年糕，它融入了西餐的做法，把年糕用威化纸包起来，放进油中炸，适当翻动，使之受热和上色均匀，炸至金黄即可食用，别有一番滋味。因此民间有“普通年糕做出百样菜肴”这一说法。

其二是文化特色。年糕的寓意可谓丰富多彩，如年年高升、年高寿长。“年年糕”与“年年高”同音，“黏连糕”与“年连高”同音，寓意人们的生活质量一年比一年高。用黄色、白色年糕做礼品，寓意送黄金、白银，祝福对方年年财源广进。有人作诗赞曰："年糕寓意稍云深，白色如银黄色金。年岁盼高时时利，虔诚默祝望财临。"如果用红白两色的年糕做成鲫鱼形状，则寓意来年金钱绰绰有余，工作游刃有余，生活富足有余。

其三是营养特色。现在德华楼已生产出水磨年糕、火锅年糕、桂花年糕、黑米年糕、荞麦年糕、玉米年糕等数十个适合多种人群、多种消费层次，且有多种口味、多种营养成分的年糕品种，能够满足人们的食用需求。

四、风格各异的年糕吃法

桂花年糕

武汉人喜爱吃年糕，各大餐馆也推出了吸引顾客的年糕做法，其中三种已成为武汉年糕做法中的代表，分别是桂花年糕、糖炒年糕和肉丝年糕。

先说桂花年糕，这是一种油炸年糕。武汉盛产桂花，每到金秋时节，桂花树就飘散着诱人的花香，桂花年糕则赋予了年糕桂花的香气。

第一步，把糯米用清水淘洗干净，再浸泡四五个小时，沥干水分后再用清水冲洗掉糯米浸泡时可能产生的酸味。

第二步，把糯米倒在筲箕内沥干后放在碾槽内碾碎，然后筛成细粉。将米粉放在瓷盆内，加入清水和成湿浆，在沸水锅内将米浆煮成熟米粉芡，留下部分用作边皮。

第三步，将剩余米粉放在案上，加入熟米粉芡、红糖、蜜渍桂花，搋揉均匀，和成红心粉团。

第四步，把熟米粉芡放在案板上，擀成长方形薄片，将红心粉团搓成粗条，裹上薄片，再放案板上擀。把擀好的粉团轻轻搓成圆条，按扁，切成2厘米宽、5厘米厚的条，逐条扭成“S”形，做成年糕坯。

第五步，炒锅置旺火上，下油烧到六成热，将年糕坯投入锅内炸，直到表皮酥脆，芯呈金红色即可。

这种小吃红心白边，十分美观，外酥脆，内糯软，味道香甜，是武汉传统风味小吃。

除了炸，年糕常用的烹饪方法是炒，有甜口和咸口两种，体现了武汉饮食兼容南北的口味特色。甜口的是糖炒年糕。

第一步，把大米放在清水中浸泡10小时左右，泡好后沥干，再冲洗多次，确保糯米干净，没有异味。

第二步，把冲洗好的糯米磨成米浆，用布袋盛放，沥掉部分水分，让它变成浓稠的米浆，放在垫有丝瓜瓤的木甑里，丝瓜瓤起到隔开甑底的作用，避免底部烧糊。

第三步，把木甑放旺火锅上蒸，待米浆蒸熟取出，做成长六寸、宽一寸半、厚三分的年糕段，再切成一分厚的年糕片。

第四步，锅中下油烧到八成热，将年糕片下锅炸一分钟左右。

第五步，另起锅，下少许油烧热，放入白糖和清水，炒至糖溶化后加入桂花，将已炸过的年糕片倒入锅内，炒匀，使年糕裹上糖汁。

糖炒年糕色泽淡黄明亮，外焦内软，口感醇甜，含桂花香。与炸制的桂花年糕相比，糖炒年糕的桂花附着在年糕表面，年糕色泽更加鲜亮，口味甜香。

糖炒年糕香甜，肉丝年糕咸香鲜美，还有以白菜为辅料制作成的偏北方口味年糕。

第一步，将年糕切成一分厚的片。大白菜去蒂和黄叶，切成丝。猪肉洗净，

糖炒年糕

肉丝年糕

切成细丝。

第二步，锅中下油烧到七成热（多用菜籽油或花生油），将年糕下锅炸一分钟左右，倒在漏勺内沥油。

第三步，炒锅下油烧热，将肉丝下锅炒一下，加酱油调色，再投入白菜丝合炒，加调味料，炒至白菜绵软时，倒入年糕片一起炒匀，起锅盛盘，撒上胡椒粉。这道小吃色泽黄，年糕外酥脆，里软糯，味道鲜美。

无论是购买德华楼的年糕，还是自己制作年糕，都是为了追求“年年高”的美好生活。年糕的花样丰富，吃法多样，也反映了人们在追求着自己丰富多彩的人生。

（撰稿：李明晨）

饕餮世间味，最是此物鲜
——原汤水饺

饺子是一道承载深厚中华文化底蕴与美好寓意的传统美食，具有丰富的饮食文化内涵，是非常有代表性的中华美食。饺子不仅味道鲜美，形状独特，百食不厌，而且原料种类多样，做法多样，可煮、可蒸、可煎、可炸，民间有“好吃不过饺子”的俗语。新春佳节，饺子更成为一种不可缺少的佳肴，正如民谣所云：“大寒小寒，吃饺子过年。”

武汉原汤水饺，皮薄、馅大、汤鲜，吃到嘴里滑香鲜嫩，长久以来广受人们喜爱。

原汤水饺

一、好吃不过饺子

据传，饺子起源于东汉时期，原名“娇耳”，为“医圣”张仲景首创，最初作药用，所以民间有“吃了饺子汤，胜似开药方”的说法。在漫长的发展过程中，不同地区的饺子名谓不同，有“馄饨”“饺饵”“角儿”“角子”“扁食”“水饺”等。自古到今，人们对饺子的记载很多，也有一些人借饺子托物言志，写下了如“有才何须多开口，万般滋味肚中藏。有缘伴君三杯酒，相逢一笑齿留香”“俗客常笑撑船肚，知己方知腹中珍。牢骚太盛难容物，我辈岂是蓬蒿人”等诗句。

在武汉，有汤的饺子叫“水饺”或“原汤水饺”。原汤水饺汤鲜馅美、皮薄馅大的特色始终如一，成为深受武汉人喜爱的风味小吃。清代《汉口竹枝词》中的“水饺汤圆猪血担，夜深还有满街梆”，就描写了水饺流行的情况。如今，更多的水饺店分布在武汉街头，如谈炎记水饺大王（连锁店）、熊太婆原汤水饺（连锁店），武昌大成路的小秋水饺，汉口的老吴记水饺、大汉口楚楚水饺、叶汪生原汤水饺，汉阳建港的肖桂芳水饺，青山的训志原汤水饺等。其中，最出名的还数谈炎记，它是武汉原汤水饺的代表，已有上百年历史，由黄陂人谈志祥创立，是名副其实的“老字号”。熊太婆原汤水饺也有八十多年的历史，其工艺入选武昌区非物质文化遗产名录。

二、食材新鲜原汤热

原汤水饺之所以颇负盛名，原因在于其两大特色：一是鲜，二是热。

如何做到“鲜”？首先，料好馅鲜。俗话说得好：“水饺没巧，配料要好。”水饺馅，最好用猪的前腿肉和黄牛肉，按 7 ∶ 3 的比例混合；所用的猪油，谈炎记采用的是“花子”，晶莹好看，炼油时放入葱段、姜片，这样葱姜的香味就被吸进油中，香味扑鼻。味精、酱油要选上好的品牌。虾米就是海米，

原汤水饺的汤料

应用采自江浙一带的上好干货。这样的配料，大大增加了鲜味。其次，用新鲜饺子皮。水饺皮用多少擀多少，不能用隔日的，否则“跑碱”了，既不好包又不好吃。再次，作料齐全，计有猪油、食盐、香菇、虾米、葱、榨菜、五香菜、酱油、胡椒粉、味精等十余种。最后，原汤原汁。煨制骨头汤时，根据骨头与水的比例，一次将水放足，煨好后不再加水，煨过的骨头也不能重复利用，使汤汁始终保持新鲜和香浓，既不腻口，也不寡淡。

武汉形容饺子汤时有句土话，叫作“一热当三鲜”。“热”字有什么讲究？可用两个炉子两口锅，一口锅烧开水，一口锅煨骨头汤。下饺子的锅，水始终保持沸腾，顾客来了，要一碗，下一碗；要两碗，下两碗。这样煮出的水饺不粘连，不混汤。煮骨头汤，先将筒子骨放在冷水中浸泡 1 小时，捞出后用大火煨 5 小时，汤汁呈乳白色才能使用。汤里头另加猪花油和虾米，油花浮在碗中，晶莹透亮。煮好的饺子加上骨头汤，热气腾腾，香气四溢。在严寒的冬季，人们吃上一碗水饺，既鲜又热，既饱腹又驱寒，美滋滋的。

三、工序严格技艺精

原汤水饺之所以好吃，还因为制作工艺十分讲究。以谈炎记水饺的制作工艺为例，其工序有“八严”：一是选料严，专挑肥瘦适宜的肉；二是制馅严，肉要洗净沥干，肉筋要清除干净，馅要剁细剁匀；三是制皮严，面要和好，皮要反复压，形状标准；四是包制严，收口不轻不重，制成金鱼形；五是熬汤严，只用筒子骨，水、骨按比例配置；六是作料严，专用猪花油，葱姜切末；七是煮饺严，清水要滚开，下锅要定份，随时用勺拨散，使水饺受热均匀；八是点味严，下盐讲分量，一次点准。

以原汤水饺的招牌——鲜肉水饺为例，需要准备的原料有上好面粉、鲜猪肉、牛肉、猪蹄、虾米、猪筒骨、猪排骨、猪油、五香酱菜、味精、酱油、精盐、淀粉、葱花、纯碱、胡椒粉。然后，严格按照制作流程具体操作：一是制馅，将猪腿肉、牛肉去皮去筋，剁成肉末，下精盐、凉水搅拌均匀；二

包好的水饺

下锅的水饺

是熬汤，把猪蹄、排骨、筒子骨放砂罐内，加入清水置于火上，煨熬成原汁浓汤；三是擀皮，面粉加入适量食用碱、清水揉匀，制成团后揉至光滑，揪成小块，蘸干面粉擀成薄皮；四是包制，将馅料放在饺子皮中间，对折后捏紧边缘；五是煮制，将包好的水饺放入沸水中，煮至水饺浮出水面，点入冷水续煮片刻；六是装碗，在碗内分别放入猪油、味精、虾米、胡椒粉、五香酱菜、酱油、精盐等，舀入原汁浓汤，把煮熟的饺子捞出盛入碗中，撒上葱花即成。

武汉原汤水饺的制作过程，很好地诠释了《饺子》这首诗："素衣台案前，巧手赛天工。雪花纷飞舞，皎月平空观。清水飘芙蓉，元宝落玉盘。饕餮世间味，最是此物鲜。"

四、"水饺大王"誉三镇

武汉原汤水饺中，最出名的是"谈炎记"，其水饺以皮薄、馅多、汤鲜、味美享誉三镇，有"水饺大王"的美称，老硚口的居民无不以一尝为快事。

1920 年，黄陂人谈志祥从乡下来汉谋生，开始时肩挑小担，在利济路一带串街走巷叫卖小吃馄饨（水饺）。那时水饺属夜宵，他白天在家准备材料，晚上才肩挑食担上街来卖，担子上挂有一盏煤油灯，谈志祥就在灯罩玻璃上横写"谈言记煨汤水饺"几个字，作为标识。后来，谈志祥为图吉利，把"谈言记"的"言"字改为"炎"字，以示火上加火、越烧越旺、生意兴隆之意，"谈炎记"遂成为招牌。据说当时人们卖的都是清水水饺，谈志祥却用上好的猪筒子骨和猪蹄、肉皮熬制原汤，使水饺滋味鲜香，价廉物美，深受喜爱。当时，有竹枝词赞曰："谈记水饺响当当，皮薄味鲜赛鸡汤。老少咸宜价不贵，风味独特滋味长。"

1945 年，谈志祥的儿子谈艮山在汉口利济巷（今利济南路）三曙街街口正式开设谈炎记水饺馆。三曙街是汉正街附近最为繁华的地段，聚集来自五湖四海的客商，谈炎记水饺汤美馅大，在夜市现包现煮，逐渐卖响了名号。后随生意的发展，他将小房改造成两层楼房，正式挂出“谈炎记水饺大王”的招牌。

1956年，谈炎记实行公私合营，谈艮山主持业务，不仅保持了原有特色，而且陆续新增鸡蓉、鱼蓉、虾仁、冬菇、虾米、香菇、芹菜猪肉、白菜猪肉和酸菜猪肉、蟹黄等新口味，适应不同食客的需求。1972年，谈炎记迁往汉口中山大道，先后三次进行大规模装修改造，成为集风味菜肴、特色水饺和名优新特小吃为一体的国有中型餐饮企业。2000年，谈炎记改制为股份制民营企业，如今在利济北路、吉庆街、澳门路等处设有多家门店。

谈炎记的虾米香菇鲜肉水饺荣获“中华名小吃”等称号。2012年，谈炎记水饺制作技艺入选武汉市非物质文化遗产名录。“谈炎记”还先后获得“武汉市著名商标”和“中华老字号”等称号，“优秀老字号企业”“中华餐饮名店”和“放心早点”牌匾。以谈炎记为代表的武汉原汤水饺，不仅是武汉的名小吃，更是一种文化记忆、文化符号，丰富了武汉人的生活和城市内涵。

（撰稿：李任）

传奇风味，武汉辣韵之味
——红油牛肉面

红油牛肉面，作为武汉的经典美食之一，激起了无数人的向往。每一碗热气腾腾的红油牛肉面，都是对武汉传统烹饪文化的完美演绎，不仅融入了厨师的匠心独运，而且融入了武汉人对生活的热爱和对美好未来的不懈追求；不仅承载着武汉人的情感与集体记忆，也体现了武汉人的生活哲学和城市精神，它已成为一个文化符号，内涵远超过一碗普通的面条。

红油牛肉面

一、味蕾与历史的交汇：探索武汉红油牛肉面的起源

红油牛肉面的起源与发展，是武汉城市演变的缩影，与武汉的地理位置、人文环境以及回族人民聚居区的饮食习惯密切相关。

类似于襄阳牛杂面，武汉红油牛肉面也可能起源于回族人招待客人的传统面食，后来逐渐发展为小摊上的热销食品。红油与经过长时间炖煮的牛肉汤相结合，为面条增添了难以抗拒的香辣风味，创造出一种独特的美味，为过往行人提供温暖。

红油牛肉面的独特之处在于它的适口性，既能在冬日带来温暖，又能在夏天提供开胃效果。随着武汉的经济发展和市场扩大，红油牛肉面进入更多的餐饮场所，各家根据顾客的不同需求进行调整，加入各式各样的配菜，如豆芽、酸菜甚至海鲜。同时，各种创新性的烹饪技术也被引入，如使用慢炖法增强牛肉的香味，或者通过调整红油的辣度以适应更广泛的消费者群体。

红油牛肉面的起源和发展彰显着一个道理：即便是最普通的食材，也能在技艺熟练的手艺人手中变成令人难忘的美味，这不仅是食材的转化，更是一种文化的传递和生活态度的展现。

二、鲜香麻辣：精湛技艺与独特风味的呈现

红油牛肉面之所以能从众多美食中脱颖而出，得益于其复杂的制作工艺，它不是对食材的简单烹饪，而是对武汉地方传统烹饪技艺的一种传承和升华。

鲜材入馔，红油牛肉面之鲜从选材开始。制作红油牛肉面，第一步是选择和处理牛肉。优质的牛腱子肉、牛腩因肉质紧实且富含胶原蛋白，是制作牛肉面的上佳选择。牛肉彻底清洗后，焯水以去除血水和杂质，保证肉质的鲜美。接着，将牛肉与八角、桂皮、生姜等多种材料一同卤制，慢火炖煮数

卤好的牛肉片

小时，香料的芬芳缓缓渗入牛肉的每一根纤维之中，与牛肉本身的鲜美相互交织，形成一种难以言喻的美妙风味。

鲜材启鲜源，红油溢香魂。红油牛肉面，一场集香之大成的味觉盛宴，其精髓在于那抹令人魂牵梦萦的红油之香。红油的炼制，是火候的微妙舞蹈。优质辣椒、花椒在小火的拥抱下，缓缓释放出深邃而复杂的香气，仿佛是大自然最纯粹的馈赠在锅中缓缓升腾，弥漫至每一个角落。当预热至恰到好处的植物油倾泻而下，与辣椒、花椒的精华瞬间交融，那一刻，不仅是温度的碰撞，更是香气的爆炸。油温的精准控制，如同画家掌控手中的画笔，勾勒出红油独有的香醇与热烈，既保留了辣椒的鲜辣，又融入了花椒的麻香，两者交织在一起，诱人的香气扑面而来。而白芝麻与芝麻油的加入，如同点点繁星点缀在红油之中，不仅提升了视觉上的美感，更在舌尖上绽放出一朵朵香浓的味蕾之花。每一滴红油，都蕴含着丰富的层次与深度，它们与嫩滑的牛肉、劲道的面条相互缠绕，共同编织出一曲关于“香”的赞歌。

海带红油牛肉面

手工拉面匠心煮，红油汤汁两相融。对于面条的选择，手工拉面因其独特的筋道口感，成为红油牛肉面制作的不二之选。

手工拉面能从诸多面条种类中脱颖而出，口感是主因，却也少不了手工拉面制作技艺的加持。面团在匠人的手中经过反复揉捏摔打，逐渐变得柔软而富有弹性。随后，面条被巧妙地拉长、折叠、再拉长，直至形成根根分明的面条，每一根都蕴含着匠人的心血与汗水。

而面条的烹煮，更需要对火候的精准把握。锅中沸水翻滚，面条轻盈入水，随着煮的时间变长，面条开始缓缓舒展，吸收着水的温度与力量。煮面需时刻关注锅中的变化，适时调整火的大小。面条达到最佳状态时迅速捞出，投入早已准备好的清冽冷水中。经过冷水浸泡的面条，更加清爽、滑嫩，仿佛被赋予了新的生命力。它将完美地吸附红油的醇厚与汤汁的鲜美，与牛肉、作料共同编织出一碗色香味俱佳的美食传奇。

三、传承创新：美食文化与城市精神的相得益彰

武汉美食文化的繁华盛景，犹如一幅绚烂的画卷，为红油牛肉面的蓬勃发展提供了宽广的舞台。一方面，随着四方宾朋的会聚和现代科技的发展，武汉的饮食文化以其突出的开放性和包容性，在不断吸收外界精髓的同时又与时俱进，使得红油牛肉面在制作技艺、营销模式等方面不断精进，带给游客的体验愈发丰富多彩。另一方面，红油牛肉面不仅承载着武汉美食文化，更展现了武汉这座城市的精神风貌。

红油牛肉面在时代的浪潮中，制作技艺不断革新。武汉这座历史与现代交织的城市，传统风味与现代元素激烈碰撞，共同孕育了红油牛肉面无尽的革新创意。厨师在保留红油牛肉面经典风味的基础上，将酸菜、木耳等食材巧妙融入，增添了口感的层次与整体的营养价值，让这道传统美食焕发出新

速食版红油牛肉面

的生机，更加贴近现代人对健康饮食的追求。

从更深的层面来看，在这个快节奏的现代社会中，红油牛肉面不只是武汉历史记忆的载体，还给人们提供了一种回归传统、享受慢生活的方式。每一碗红油牛肉面背后，都是武汉人对生活的热爱与对未来的无限追求。这在红油牛肉面的制作过程中也得到深刻彰显。从牛肉的炖煮到红油的调制，每一步都体现了武汉人对食材和味道的讲究，每一个环节都透露出武汉人对食物的尊重和对生活细节的精益求精。红油牛肉面的鲜亮色彩与火辣的味道，象征着武汉人热情直爽的性格与坚韧不拔的精神。

（撰稿：庞芊蕙）

第三章

武汉美食伴手礼品鉴

蔡林记热干面礼盒

蔡林记热干面是荆楚饮食中文化不可缺少的一部分。在武汉人的心中，一提起热干面就会想到“蔡林记”。“蔡林记”初创于1928年，其热干面以“爽滑筋道，色泽油润，香而鲜美”闻名，享有“中华名小吃”的美誉，食之香味四溢，令人回味无穷。

蔡林记历经近百年发展，在时代浪潮中几经磨砺，愈发坚挺，形成了独特的品牌文化和价值传承，积累了良好的品牌信誉，深受消费者的信任和喜爱，具有稳定性和持久性。作为“中华老字号”之一，蔡林记守正创新，在

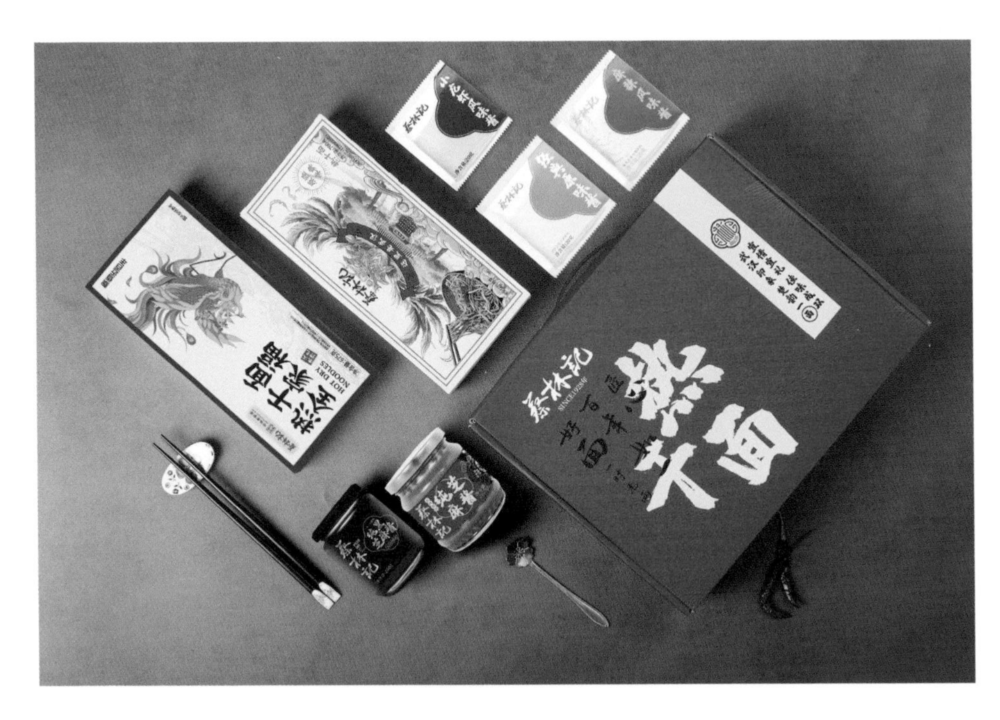

蔡林记热干面礼盒

坚守品牌价值和传统优势的同时，探索运用创新思维，面对新的消费渠道、形式、场景、业态，抢占先机，拓宽消费地域和扩大消费群体，并通过结合创新技术和实践技巧，在传承传统文化的同时走在时代前沿。

蔡林记在近百年的发展中，潜心专攻热干面的制作技艺。蔡林记热干面技艺非遗传承人牵头，带领学员研究蔡林记的老配方，在传统配方的基础上，结合现代人的口味和需求，改进配方及制作技艺，不断丰富品类和风味，为博大精深的中华餐饮文化贡献蔡林记力量。除了坚守初心、传承和创新热干面鲜食技艺，蔡林记还打破了传统饮食方式的桎梏，于2010年创新推出科学绿色预包装产品（将蔡林记传统配方与现代化设备结合），让热干面、芝麻酱等蔡林记明星产品以预包装的形式进一步走进千家万户。其中最具代表性的就是蔡林记所推出的热干面礼盒，此款礼盒不仅承载着浓厚江城韵味与非遗匠心精神，更获得了“武汉礼物”“武汉十大伴手礼”的荣誉。

蔡林记作为“中华老字号”，在礼盒的设计过程中，通过将大气典雅的外观与丰富的食用场景融合，体现出“中华老字号”的历史底蕴，使礼盒成为展现武汉风情、传递湖北特色的绝佳礼品。

礼盒包含了武汉极具代表性的美食瑰宝——热干面，它也是江城味道的灵魂所在。每一份礼盒都凝聚着蔡林记的匠心。蔡林记遵循古法工艺，将优质小麦研磨成粉，经过揉、擀、切、晾等多道工序，面条筋道滑爽，富有弹性，配合芝麻酱、酸豆角等作料，呈现了地道的武汉热干面口感，每一口都能唤醒武汉人记忆中的江城好味道。

此外，礼盒还包含热干面的灵魂伴侣——秘制芝麻酱。醇香浓郁的芝麻酱，伴随着热干面，犹如一部生动的味觉编年史，讲述着荆楚大地的饮食文化故事。丰富的组合不仅满足了味蕾的多元需求，更为食客带来了地道且全方位的湖北美食体验。

礼盒外观采用中国红为主色调，寓意红红火火、吉祥圆满，既符合中国传统节日的喜庆氛围，又体现了对收礼者的诚挚祝福。贴心的提手设计，方

蔡林记热干面礼盒

便携带，无论是走亲访友还是远程邮寄，皆能轻松自如。

热干面适用于多种场景，无论是在新年团圆的餐桌旁，阖家欢聚，共享一碗热气腾腾的热干面，感受家的温馨与幸福，还是在好友相聚的笑闹时光，共同品味地道的湖北小吃，增进友谊，畅谈趣事，抑或作为佳节送礼之选，寄托美好愿景，让收礼者在品尝美味的同时，感受到送礼者满满的心意与祝福。

在消费市场的巨大成功和近百年的潜心经营，让蔡林记获得了来自社会各界的认可与赞扬。2011 年，蔡林记热干面制作技艺入选湖北省非物质文化遗产名录。2013 年，蔡林记荣获“武汉市非物质文化遗产生产性保护示范基地”牌匾。2014 年，蔡林记成为第一批“湖北老字号”，同年被认定为“湖北省著名商标”。2024 年，蔡林记被认定为第三批“中华老字号”。至今，还先后获评“中华名小吃”“中华特色面食金奖”“中国十大名面”“中国十大面条名店”“中华老味道”“十大楚菜名点”“荆楚优品”等荣誉。

（撰稿：杨颖）

扬子江食品追光武汉糕点礼盒

两江交汇、三镇鼎立、四季花开的武汉，有一个市民们耳熟能详的老字号——扬子江食品。长江水、江汉粮、荆楚情，滋养哺育了它独特的技艺与文化，传承不守旧，创新不离宗，匠心不变，脚步向前，扬子江食品在中国食品烘焙行业奏响了壮美的“长江之歌”。

扬子江食品追光武汉糕点礼盒

扬子江食品现任掌门人梅红运的父辈，早年在汉阳养奶牛，兼做糕点。20世纪50年代时公私合营，组建武汉国营畜牧场，梅家的小生意并入其中。

1992 年，梅红运子承父业，创办起扬子江食品品牌，从事传统特色食品的开发研制生产。

由于产品品质过硬、口碑很好，每年春节、端午、中秋前，总是最繁忙的时候。每天清晨，工厂门市部成为武昌名特糕点的聚集地，它们一溜排开，有港饼、桃片糕、麻烘糕、牛奶法饼、荆楚汉饼等。此起彼伏的叫卖声、现制糕点的“噔噔”声、炒勺炒瓢的“叮当”声、油炸点心的“嘶啦”声、拉动风箱的“扑哧”声，伴以香甜诱人的气味，汇成了令人陶醉的妙曲。

消费者款步至此，选择自己喜好的糕饼，坐在武泰闸前的马扎、板凳上品尝美食。一幅和谐安详的市井风情画卷，至今仍令人十分留恋。

扬子江传统糕点制作技艺根植于本土，浸润了武汉历史、文化与社会生活。以初心致匠心，扬子江食品不仅有味道，更有情怀、有信念、有温度。

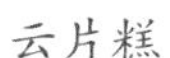
云片糕

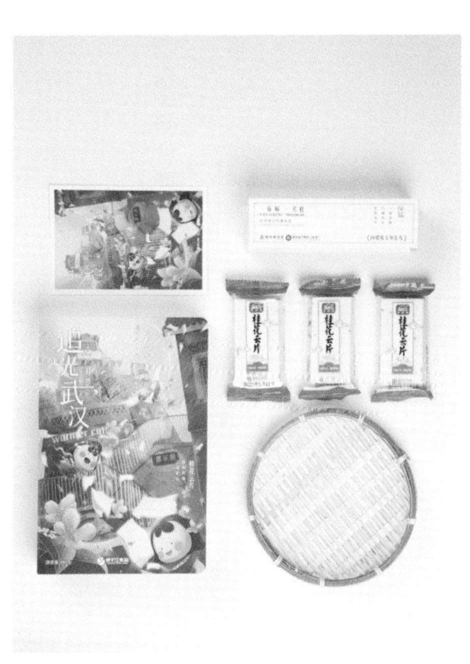

桂花云片

芝麻香片

海盐芝士曲奇

梅红运是中国传统食品工艺大师、中华糕饼研究院研究员、烘焙项目国家级评委、全国烘烤制品标准化技术委员会委员。他在事业起步时做的第一件事，就是力邀湖北糕饼业有一定影响力的老师傅加盟，一位是糕点名师李良庆，一位是“拉糖皇后”王玉蓉。当时两位师傅都六十多岁了，从十多岁就开始制作糕饼，技艺炉火纯青。

长期的磨砺，使扬子江食品形成独特的工艺，生产的粽子、月饼、京果、酥糖、杂糖、绿豆糕等受市场青睐，小法饼、荆楚汉饼、麻烘糕等也声名远播。

扬子江食品追光武汉糕点礼盒，堪称“武汉十大伴手礼”的颜值担当。该礼盒一个系列有十种产品，有非遗手工产品云片糕，有老武汉人爱吃的桃片糕，还有奶香味十足的曲奇饼干等，深受年轻游客喜爱。其书本函套的造型，使顾客打开盖子时，就像翻开了一本叫“武汉”的书。

在外包装上，扬子江食品用了很多心思，插画师用“追光武汉”的主题，演绎武汉的旅游地标，将十大地标以手绘的形式画在包装上，从每一盒糕点上都可以看到不同的武汉风景，有千年古刹归元禅寺，有堪称汉版“清明上河图”的楚河汉街，有见证了辛亥革命第一枪的武昌起义门，有毛主席题词“天堑变通途”的武汉长江大桥，还有昙华林、黄鹤楼、江汉路……

近年来，扬子江食品借助文旅融合东风，从文创开发的视角吸引年轻人，用新产品展示老字号的独特魅力。通过插画讲述武汉故事，是扬子江食品这次获奖产品的卖点之一。用本土旅游食品展现武汉旅游资源，用武汉地标美景结合武汉老字号品牌，搭配非遗手工产品，以礼传情。而且，每一盒内附赠明信片一张，十分有心意。把这一盒“武汉”送给你，愿你吃喜欢的糕点，过有趣的人生。

（撰稿：王康璐）

53 度黄鹤楼酒南派大清香

武汉得天独厚的气候、地理和水质条件，为黄鹤楼酒的酿造提供了优越条件，孕育出其优雅、独特的风格。黄鹤楼酒传统酿造工艺历经几个世纪的洗礼。去粗取精，融合现代科学技术，黄鹤楼酒形成了独特的酿造工艺。其酒以水、高粱、小麦、玉米、糯米等为原料，汇聚五谷精华，经传统酿造、窖藏工艺，精心酿制而成。“积黄鹤之灵以酿其味，循楚地之法以铸其魂”，黄鹤楼酒色泽晶莹剔透，香气浓郁，味道醇厚绵甜，回味悠长，堪称传世佳品。

53 度黄鹤楼酒南派大清香

53度黄鹤楼酒南派大清香作为“武汉十大伴手礼”之一，规格为1盒4瓶，每瓶125毫升，礼盒精致，便于携带，且具有纪念价值。

黄鹤楼酒为何品质好？

首先，黄鹤楼酒采用“1234”酿酒技艺。

“1”指一次投粮，即精选日照时间长、淀粉含量高的优质高粱，富含花青素等，配以豌豆、大麦等制成的糖化发酵剂，沿用古法地缸发酵，坚持纯粮固态发酵，使酒保留高粱的原粮香。

“2”指两轮发酵（清蒸二次清），即经过大茬、二茬两轮发酵周期，每周期发酵28天，双轮发酵56天。“清蒸二次清”，两次出酒，一次丢糟，保证了酒味丰富圆润，口感更协调。

“3”指三曲共融，即清茬曲生酒、红心曲生味、后火曲生香。三曲“各司其职”，品温控制严格遵循“前缓、中挺、后缓落”原则，将大麦和豌豆的香气引入酒中，赋予酒独特的香味。

黄鹤楼酒南派大清香楼30清香型白酒

黄鹤楼酒南酒派大清香楼 20 清新型白酒

“4”指四香共享，即低温制曲，产生曲香和曲陈香（近似坚果香）。而经过高温润糁、高温蒸煮、地缸发酵的高粱生出清甜香、酯香、酸香、醇香，最终酿造出的酒，具有粮香、酵香、曲香、陈香。

其次，黄鹤楼酒严格遵循“125”储存原则，即在产能 2 万吨的情况下，只可以销售 1 万吨，储酒必须保持 5 万吨，这样确保每年都有足够的酒陈化老熟，从而把优质的酒奉献给消费者。

再次，黄鹤楼酒采取“131”原酒储藏工艺：经过一年室外陶坛储存，利于基酒中有害物质的挥发，促进基酒老熟。经品评分析、盘勾，再经历三年以上室内陶坛储存，以恒温恒湿的环境促进基酒氧化和酯化反应，利于基酒老熟。最后再次品评分析，第二次盘勾，将基酒批量化组合，形成大宗酒，经过一年配方大罐储藏，进一步陈化老熟。

最后，产品上市前需经六轮舒适度试验，确保将最好的品质奉献给消费者。

第一轮：设计师精心设计酒体风格，从中挑选出最为满意的酒样，供下一轮品鉴。

第二轮：品酒大师和调酒大师盲品酒体的色泽、香气、风格和回味，进行打分。

第三轮：公司高层品鉴，站在行业宏观立场上，预测产品的市场前景与潜力，评估新酒的竞争力。

第四轮：员工品鉴，站在普通消费者的立场品评白酒，从口感上提出最直观的建议。

第五轮：邀请经销商、合作单位进行品鉴。

第六轮：组织 3000 名消费者报名品鉴，了解忠实消费者对新品的喜爱程度及对口感的评价。

（撰稿：关睿）

汪玉霞随心配·优选武汉礼

在历史悠久的汉口，有一家声名显赫的百年老字号——“汪玉霞”。其糕点十分美味，早已深入人心，成为武汉人生活中不可或缺的一部分。老武汉人甚至流传着这样一句歇后语：“汪玉霞的饼子——绝酥（劫数）。”这里的“绝酥”，既形象描绘了汪玉霞糕点酥脆可口的特点，又体现了汪玉霞与老武汉人生活的紧密联系。

汪玉霞随心配·优选武汉礼礼盒

一个品牌能够历经近 300 年的岁月洗礼而屹立不倒，其成功秘诀必然离不开卓越的产品质量和独特的经营理念。汪玉霞一向重视产品质量，从选料到加工，再到包装，每一个环节都严格把控，精益求精。

食材是成就美味糕点的前提。汪玉霞对食材的挑选极为苛刻，力求每一粒芝麻、每一颗鸡蛋、每一把面粉都用最好的。糖，选用英国太古、怡和洋行的上等白糖，后期添加了台湾白糖和汕头尖洋糖。糖的储存过程也颇为讲

绿豆糕

芝麻糕

碱酥饼

团圆大喜饼

究，需先存放一段时间，待糖的油卤吐出，溶头好才使用，如此做出的糕点甜而不腻，香酥可口。油，选用河南驻马店的麻油，油质清澈，香味扑鼻。芝麻，则选用武昌武泰闸的优质品种，颗粒饱满，皮薄肉厚。鸡蛋，坚持使用阳逻的新鲜土鸡蛋。面粉，则选用上等的白面粉。猪油，更是选用新鲜板油。

以老蛋糕为例，汪玉霞始终坚守传统工艺，采用新鲜土鸡蛋和上好白面粉为主料，搭配香甜的原浆蜂蜜，绝不添加一滴水及任何防腐剂。这样的老蛋糕，出炉后香气四溢，咬上一口，绵软紧致，香甜可口。

然而，优质的原材料只是基础，产品的加工制作同样关键。汪玉霞的糕点师傅代代相传，他们几十年如一日，秉持着兢兢业业、一丝不苟的态度。无论是豆沙、晒米、糖麻屑、熟面粉还是糕粉的加工过程，都要求精细进行。

龙井茶酥

芝士雪花酥

蛋黄酥

樱花饼

豆沙制成半成品后，还需连续回锅翻炒三至四次，直至颜色如缎子般黑亮，口感达到最佳。糯米经过筛选，质量一致，用水浸泡，每天换水让其发酵，30天后取出晒干称晒米。只有用晒米才能制作出酥松爽口的京果。绿豆更是精挑细选，清洗晒干后反复揉制。这些烦琐而精细的工序，正是汪玉霞糕点品质卓越的重要保障。

每逢端午佳节，汪玉霞的师傅当街制作绿豆糕，其手工技艺之精湛，令人叹为观止。糕点蒸熟后，晶莹呈碧色，入口清香甜美，风味独特，令人回味无穷。

而至中秋佳节，汪玉霞的月饼则成为武汉市民心中的挚爱，在武汉月饼界堪称“老大”，地位无可撼动。老月饼总是供不应求，其中尤为经典的便是五仁月饼。这款月饼由拥有三十多年经验的老师傅精心制作，馅料丰富，包含核桃仁、芝麻、西瓜仁、杏仁和瓜子仁等多种坚果，搭配冬瓜糖、橘饼、桂花、青红丝、冰糖以及特酿蜂蜜，口感层次丰富，令人陶醉。

在糕点师傅眼中，一块完美的五仁月饼，离不开严谨的选料和精细的手工。坚果与桂花、蜂蜜的完美融合，既保留了坚果的原味，又增添了蜂蜜的香甜。而用现榨猪油制成的酥皮，更为月饼带来了松软爽口的独特口感。传统的手工制作，如揉、捏、擀、叠、压、起等细致工序，与现代工艺截然不同，却能演绎出最质朴的香味。

汪玉霞糕点的严格选料和精细加工，不仅保证了糕点的健康美味，也成就了其近 300 年的良好口碑。2016 年 12 月 28 日，吉庆街重新开街，武汉人心中的汪玉霞老字号也在此扎根。

汪玉霞糕点之所以能在江城誉满数百年，不仅因为其悠久的历史和深厚的文化底蕴，更因为其始终坚守品质和匠心。每一款糕点都承载着汪玉霞人的智慧和汗水，也传承着武汉人的生活记忆和情感寄托。2024 年，“汪玉霞随心配·优选武汉礼”被评为“武汉十大伴手礼”，这一荣誉不仅是对其品质的认可，更是对其传承与创新的肯定。

汪玉霞糕点，用传统工艺承载着武汉人的情感与记忆，用美味传递着武汉的文化与风情。

（撰稿：吴文文）

湖锦藕多多排骨汤

武汉人的饮食习俗，让这座城市与各种各样的汤结下了不解的缘分。汤成为江城饮食的一大特色，成为人们“宴客”的必选菜品。武汉有“无汤不成席”“无汤不宴客”的讲究，由此形成了一种喝汤的饮食文化。

武汉煨汤，需要经过大火煮沸、文火慢煨、余温焐透三个程序，六个小时以上的火候，肉软而不烂、汤浓而不腻，才能到达糯软滚烫、香味醇厚的口感。

湖北的藕，大美。它出淤泥而不染，“高风亮节”，夏吃脆嫩，冬吃粉糯。作家阿城说，思乡是胃里的蛋白酶在“作怪”。如果有一种食物总让武汉人魂牵梦萦，那一定是莲藕排骨汤；如果有一种食物最能代表武汉人民的美味信仰，那一定是莲藕排骨汤。对于武汉人来说，排骨藕汤代表的就是家的味

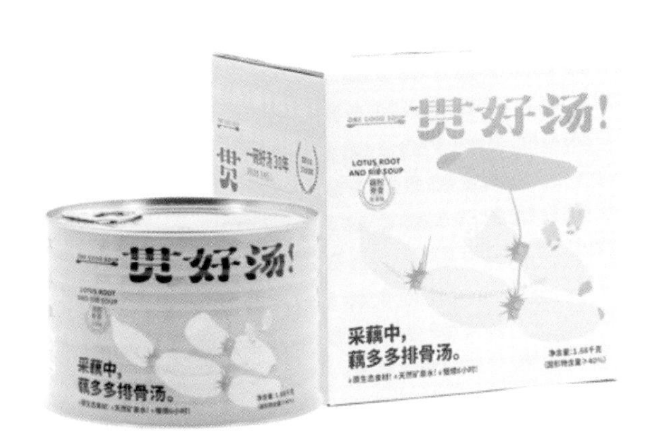

湖锦藕多多排骨汤

湖锦藕多多排骨汤

道，它也是最能体现武汉情怀的一道菜。

湖锦酒楼的藕多多排骨汤，由中国十大名厨、中国烹饪大师担任首席产品经理，他亲自参与制作的每一个环节。通过现代工艺还原煨汤技法，他用丰富经验精确控制每一个步骤，确保每一罐汤均品质优异。藕选用的是产自洪湖湿地国家级自然保护区的粉藕，排骨用的是黑毛猪的新鲜肋排，只取直排部分，每一块长约 4.5 厘米、宽约 3.8 厘米。经过严密的火候控制，排骨里的蛋白质和藕里的糖分在高温下发生美拉德反应，让汤的味道更加美妙。藕的口感粉糯甘甜，肋排软嫩脱骨，藕有肉香，肉有藕香。

在包装上，采用马口铁罐头封装，物理密封保鲜，防腐剂零添加。密封锁住营养，而且非常方便，开盖后只需加热 5 ~ 8 分钟，就可以得到一碗热乎乎、香喷喷的地道武汉排骨藕汤。

（撰稿：王康璐）

楚味堂武昌鱼礼盒

“才饮长沙水，又食武昌鱼。”毛主席的这句词让武昌鱼家喻户晓。武汉人对武昌鱼的热爱和传承，使得武昌鱼成为武汉一张独特的文化名片。武昌鱼被武汉人吃成了一道名菜，外地游客来武汉都想品尝。但是要把这道鲜美的名菜带回家作为伴手礼送给亲朋好友，却不太方便。楚味堂商贸有限公司便想到利用入选了湖北省非物质文化遗产名录的“武昌鱼制作技艺”这一传统技艺及真空保鲜技术，创新武昌鱼的做法，将武昌鱼制成礼盒，使得保鲜和携带都不成问题。如今，市面上武昌鱼礼盒早已成为游客爱带走的旅行单品。

楚味堂武昌鱼礼盒

楚味堂武昌鱼礼盒

楚味堂在梁子湖建有专门的武昌鱼养殖基地，利用梁子湖丰富的小鱼、小虾、螺蛳、水草等水生动植物来养殖武昌鱼。一条武昌鱼从被打捞上岸到进入加工厂只需 60 分钟，能有效保证新鲜度。此外，楚味堂制作武昌鱼有一套专门的生产工艺，即选用活的武昌鱼，处理干净后低温腌制、智能风干，最大限度保证鱼制品的本味、营养。风干后进入卤制、拌料、真空处理环节，最后还要杀菌。完成这一系列操作后，只有验收合格的武昌鱼才能装盒上市。

楚味堂武昌鱼礼盒有麻辣味、红烧味、五香味、豆豉味等 4 种口味，可以满足不同需求的顾客。在吃法上，最简单的是开袋即食；想吃热乎的可以连内袋放入沸水中，煮 3 分钟后食用；如果想让它像家常菜一样，可以开袋装盘，淋少许水，再放进微波炉加热 2 分钟后食用。

打开礼盒，仿佛能感受到梁子湖的清风与长江的波澜。每一条武昌鱼都是精选产品，肉质细腻，风味纯正，让人仿佛置身于武汉的美丽湖畔。尝试豆豉味，浓郁的酱香与鱼肉的鲜美交织，舌尖上的舞蹈让人回味无穷。风干鱼更是武汉的独特风味，让人越嚼越觉得香。

楚味堂武昌鱼礼盒包装古色古香，高端大气，是居家美食、商务送礼的不二之选。

（撰稿：陈美英）

周黑鸭谢谢礼礼盒

周黑鸭是一家专门从事卤制品生产加工和零售的企业，在行业内深耕30年，主营熟卤鸭、熟卤蔬菜、熟卤水产品等，为武汉市总部企业、湖北支柱产业细分领域隐形冠军示范企业、湖北省电子商务示范企业。

周黑鸭坚守初心，为感谢、回馈广大消费者，于2019年新年伊始，诚挚推出了谢谢礼礼盒。

周黑鸭谢谢礼礼盒

周黑鸭谢谢礼礼盒中的五样单品

岁末，说感谢太客气，请吃饭太见外，送红包太冰冷，最适合用温暖的方式表达诚挚的谢意。春节即将来临，朋友即将欢聚，分享有温度的周黑鸭谢谢礼礼盒，就足够表达真挚的谢意。

周黑鸭谢谢礼礼盒中有鸭脖、鸭翅中、鸭掌、鸡翅尖、豆腐干五样单品，共计 360 克。口味为周黑鸭经典甜辣口味，肉质紧实爽口，整体鲜嫩美味，回味悠长。十万级洁净车间内喷淋灭菌，产品质量值得信赖。采用独立包装，保质期 240 天（8 个月），便于储存及食用。

周黑鸭谢谢礼礼盒设计以红色为主，希望给人们以温暖、阳光的感觉。通过手绘的形式，描绘出一个五彩斑斓、栩栩如生的童话世界。画面中有一大一小两只豹子、亲密无间的梅花鹿和嬉戏的喜鹊，分别代表了人在一生中所遇见的亲情、友情和爱情，表达出人们想对所爱之人说的话：感恩有你，如豹相依，如鹿相知，如鹊相守。这些巧妙的设计，不仅提升了礼盒的视觉冲击力，更使其成为传递武汉城市文化与美食故事的重要载体。

（撰稿：关睿）

仟吉食品海藻糖绿豆糕黄鹤楼联名款

“芝麻楼（绿）豆糕，七（吃）了不长包。”绿豆糕因其原材料绿豆具有清热解毒的功效，一直是武汉地区夏日最受欢迎的美食。除了粽子和咸鸭蛋之外，绿豆糕也是武汉人端午节餐桌上一道必不可少的传统小吃。绿豆糕裹着清甜和沁人心脾的凉爽，拉开了武汉夏天的序幕。

传统绿豆糕成品为黄绿色，“遗传”了武汉小吃的重油基因，特别润实，是老一辈人记忆里的传统武汉味道。历久弥新的武汉文化，推动着传统糕点的复兴，越来越多的年轻人在尊重饮食传统的同时，也对食材的健康和可持续提出了更高的需求。在关注食材品质和口味的同时，拥抱新时代、应

仟吉食品海藻糖绿豆糕黄鹤楼联名款礼盒

仟吉食品黄鹤楼联名款海藻糖绿豆糕

对新需求的变化，是仟吉一直思考和前进的方向。传统绿豆糕甜糯重油，已无法满足现代人重视健康、减糖减油的需求。于是，仟吉特别研发出了海藻糖绿豆糕，在继承和发扬传统糕点工艺的同时，在工艺和配方上进行创新，让大家吃得更健康，更安心。

仟吉海藻糖绿豆糕，从自家农场优选脱皮绿豆，经过两次研磨，绿豆馅更细腻绵密；海藻糖作为一种天然糖类，有“生命之糖”之称，甜度低于蔗糖，可替代部分白砂糖，配合绿豆的清香，减轻甜味，带来轻甜口感。使用独特双蒸工艺，脱皮绿豆在120摄氏度环境下蒸煮后，压制成饼，口感湿润绵软，在保证口感的同时，最大化满足消费者对健康、减糖的需求。

热卖13年以来，仟吉海藻糖绿豆糕已经累计销售5570余万枚，荣获iSEE全球食品创新奖（全球食品美味奖）。仟吉海藻糖绿豆糕一直保持稳定的高质量出品，打造数字化生产线以及全链条数字化监控；切实实行ISO22000、ISO9001“二合一”综合管理体系，最大程度上保证产品品质。

在将产品口味创新与健康天然的品质需求结合的同时，仟吉深融地域文化，将绿豆糕的产品属性与城市特质相联系，将绿豆糕作为武汉的城市名片，推介给更多关注、热爱江城地域文化的人。

黄鹤楼，位于武汉长江南岸的武昌蛇山，为国家AAAAA级旅游景区，享有“天下江山第一楼”“天下绝景”之称，是武汉市标志性建筑，与晴川阁、古琴台并称“武汉三大名胜”，是古典与现代熔铸、诗意与美感构筑的精品。

仟吉食品海藻糖绿豆糕黄鹤楼联名款礼盒

它处在山川灵气凝聚点上，正好应和中华民族喜好登高的民风民俗、亲近自然的空间意识、崇尚宇宙的哲学观念。

2023 年 6 月，仟吉与黄鹤楼联名推出海藻糖绿豆糕礼盒，将黄鹤楼的文化元素融入绿豆糕的设计中，为传统美食赋予更多文化属性。这款礼盒的包装设计独具匠心，采用新中式写实画风，还原黄鹤楼的轮廓和建筑细节，同时融入李白登楼等历史典故，通过细腻的笔触和浪漫的历史典故，述说武汉的城市历史。

仟吉食品海藻糖绿豆糕黄鹤楼联名款礼盒，不仅提升了仟吉品牌价值，还弘扬了武汉城市文化。其独特的设计和极高的辨识度，使其成为城市特产伴手礼，成为旅游的绝佳选择。品尝仟吉海藻糖绿豆糕，让甜美与健康伴随每一个美好的瞬间。

（撰稿：陈美英）

附录

武汉名菜餐厅

江岸区

品类	店名	地址
排骨藕汤	湖锦酒楼（三阳店）	三阳路8号
清蒸武昌鱼	一澜江宴（江滩公园店）	汉口江滩公园一期洞庭门内
排骨藕汤	口味堂惠济路店	劳动街道惠济路25号（解放公园路口）
腊肉炒洪山菜薹	小甲川酒家	武汉市江岸区黄石路89号
排骨藕汤	融厨湖北菜 非遗技艺传承藕汤	江岸区金宝大厦1楼
珍珠圆子	世方御药膳	江岸区车站路127号
排骨藕汤	老八门湖北菜（大智路店）	江岸区西马街道台北一路小南湖公园北2门
红烧甲鱼	武汉熊胖子酒楼	江岸区江大路180号
清蒸武昌鱼	武汉宴（后湖店）	江岸区后湖和谐大道华隆路口
黄陂三鲜	玛雅渔村	江岸区江大路30号
红烧甲鱼	江滩渔院	江岸区六合路229号
排骨藕汤	燕子煨汤（山海关路店）	中山大道1474号花桥超市旁
清蒸武昌鱼	漢味小镇四季寻鲜	黄浦大街27号
排骨藕汤	老妈烧菜馆（苗栗路总店）	江岸区苗栗路1号
排骨藕汤	藕汤印象（江岸区华盛路）	华岭路69号东南方向110米
黄陂三鲜	土又土湖鲜馆（三眼桥店）	三眼桥北路128号
腊肉炒洪山菜薹	江滩印象（江滩公园店）	沿江大道56号
排骨藕汤	鑫小城故事（京汉大道店）	大智路916号

江汉区

品类	店名	地址
排骨藕汤	湖北三五醇酒店（新华路店）	新华路245号（北湖区委旁）
黄陂三鲜	小蓝鲸（杂技厅店）	台北路205号杂技厅院内（近建设大道）
红烧甲鱼	本味・私宴（新华路店）	新华路越秀国金天地P1栋2层（协和医院斜对面）
排骨藕汤	鲴归餐厅	江汉区西北湖黄孝西路1号双玺荟1号楼（鲴归餐厅）
红烧甲鱼	楚宴天下	泛海城市广场二期临街三层商业A3栋
排骨藕汤	夏氏砂锅（万松园店）	雪松路73号
红烧甲鱼	珈境时尚餐厅	江汉区西北湖路万豪大厦珈境餐厅
排骨藕汤	刘胖子家常菜总店	黄陂街95号
油焖小龙虾	巴厘龙虾（万松园一店）	雪松路65号
排骨藕汤	印象老汉口鲜渔府	解放大道790号
黄陂三鲜	杨永兴黄陂三鲜（雪松路）	雪松路117号-4号
腊肉炒洪山菜薹	宴遇江城・湖北烧菜王（龙湖江辰天街店）	青年路518号龙湖武汉江辰天街5F
清蒸武昌鱼	肖记公安牛肉鱼杂	江汉区江汉路181号俊华广场二层A2-02
油焖小龙虾	肥肥虾庄	江汉路

硚口区

品类	店名	地址
珍珠圆子	牛把子牛骨头（武胜路总店）	武胜西街10附14号
红烧甲鱼	胖胖渔村	解放大道简易新村13-18号
排骨藕汤	艳阳天旺角（蓝天店）	解放大道1051号
排骨藕汤	万小七市井菜	硚口区京汉大道476号中百超市旁
排骨藕汤	U你湖北家宴菜（武胜路凯德店）	中山大道238号凯德广场武胜04层15号
红烧甲鱼	楚采（恒隆广场店）	硚口区恒隆广场四楼L406
排骨藕汤	三镇民生甜食馆（宝丰路店）	宝丰一路与宝丰二路交叉口正东方向69米

汉阳区

品类	店名	地址
红烧甲鱼	王府井酒店	汉阳区鹦鹉大道446号王府井酒店
排骨藕汤	家宴印象酒店（四新店）	江城大道和昌都汇华府368号
腊肉炒洪山菜薹	印象成都	拦江路鹦鹉巷子美食街印象成都
鱼头泡饭	稻园谷庄鱼头泡饭	龙阳雅苑北区东南门旁
红烧甲鱼	乐福园（七里庙店）	汉阳区汉阳大道491号朝阳星苑
鱼头泡饭	壹块柒·鱼头泡饭	琴断口街道罗七路58号（爱尔眼科医院对面）
鱼头泡饭	辛香味烧鱼馆（汉阳马鹦路店）	江堤街道马鹦路6号（市公交集团旁）
鱼头泡饭	鱼头泡饭（罗七路）	琴断口街道罗七路58号（爱尔眼科医院对面）
腊肉炒洪山菜薹	山饭子特色土菜·湖北菜（汉阳国博新城店）	秋礼街国博新城泊雅居
排骨藕汤	武汉福鱼堂餐饮有限公司	黄金口工业园金色环路9号福达坊研发楼第一层
排骨藕汤	膳福记原汤水饺	五龙路新长江香榭琴台四期墨园A区2栋1层

武昌区

品类	店名	地址
清蒸武昌鱼	艳阳天·非遗楚菜（黄鹤楼店）	彭刘杨路235号
排骨藕汤	双湖园酒店（解放路店）	武昌区解放路239号
清蒸武昌鱼	大中华酒楼（黄鹤楼店）	民主路09号（户部巷西南门入口旁）
黄陂三鲜	武汉老村长私募菜餐饮有限公司小东门店	武昌民主路563号
珍珠圆子	醉江月酒楼	洪山区丁字桥南路529号
红烧甲鱼	湖北寻源记餐饮管理有限公司	楚汉路万达壹号公馆2-5-22寻源记餐厅
排骨藕汤	俏立方新楚菜	武昌区中北路1号洪山宾馆
鱼头泡饭	楚粤轩中餐厅	武昌区东湖路181号楚天粤海国际大酒店
排骨藕汤	百艳青花	武昌区松竹路万达环球国际中心1号楼百艳青花餐厅
红烧甲鱼	盛秦风臻宴酒店	武昌区临江大道66号金都汉宫商业C1栋
排骨藕汤	天天渔港	汉街三街区万达环球国际中停车场院内
清蒸武昌鱼	曾宴	武昌区东湖路160号博物馆内

武昌区

品类	店名	地址
红烧甲鱼	元银甲（武昌江滩店）	武昌区临江大道49号
排骨藕汤	宝通寺素菜馆	武昌区武珞路549附1号宝通寺素菜馆
红烧甲鱼	水墨江南餐厅（八一路店）	武昌区八一路小洪山80号
红烧甲鱼	中南花园酒店南苑餐厅	武汉市武昌区武珞路558号中南花园酒店南苑楼
鱼头泡饭	土得土鱼头泡饭（百瑞景总店）	宝通寺路与瑞景路交叉口南行80米路东
红烧甲鱼	鹏辉酒家（水果湖）	武昌区水果湖惠明路51号
红烧甲鱼	家和小鲜食江景餐厅	武昌区临江大道387号
排骨藕汤	潮江宴	武昌区小东门广西大厦
新农牛肉	武昌区精粉世家龙丽餐饮店	水果湖街道松竹路中央文化旅游区J2地块第4幢2层7号房
黄陂三鲜	杨永兴黄陂三鲜面（武商梦时代）	武珞路武商梦时代负1楼美食城内
排骨藕汤	香钿楚菜（汉街店）	松竹路楚河汉街J4街区5栋1层23-24B号
清蒸武昌鱼	禧樽东湖店	武昌区东湖路142号
清蒸武昌鱼	全聚贤	徐东大街沙湖路福星国际城
珍珠圆子	水樂棠	水樂棠楚河汉街店
红烧甲鱼	青禾餐厅·长城汇店	武昌区中北路9号长城汇T3商业楼5楼

青山区

品类	店名	地址
排骨藕汤	丽华园·风味老店（青山少年宫店）	沿港路19号（近青少年宫）
鱼头泡饭	颐小满花园餐厅	临江大道与园林路交叉口（武汉江山301号）
鱼头泡饭	清山小镇	武汉市青山区工业二路25街康盛大厦一楼
清蒸武昌鱼	仁和里花园餐厅	青山区冶金大道11号
珍珠圆子	丽小馆·蒸爱湖北	和平大道959号武商城市奥莱广场5楼C区510
红烧甲鱼	王府花园酒店青山店	友谊大道建一路武青三干道钢洲花园5号楼4号

洪山区

品类	店名	地址
排骨藕汤	九龙大酒店（雄楚店）	雄楚大道272号（近省出版城、南湖）
鱼头泡饭	鱼头泡饭（岳家嘴店）	欢乐大道东湖别苑旁
油焖小龙虾	肥肥虾庄（石牌岭总店）	石牌岭路洪岭公寓12号（龙湖天玺对面）
清蒸武昌鱼	渔歌·武昌鱼艺术餐厅	崇文路6—8号（湖北出版文化城旁）
红烧甲鱼	青禾餐厅（东湖店）	欢乐大道华侨城东方里商业街S4二楼
鱼头泡饭	老张家·鱼头泡饭	卓刀泉南路古玩珠宝城内
排骨藕汤	巨浪美食	民族大道308号金谷国际酒店巨浪美食
排骨藕汤	千滋百味·醉江澜融味餐厅	洪山区珞喻路370号虎泉文化生活广场
红烧甲鱼	肖记公安牛肉鱼杂馆/哈乐城店	关山大道328附5号哈乐城1楼底商
红烧甲鱼	江南别院	凌家山南路5号嘉宏产业园内
油焖小龙虾	皮皮大牌档（东沙花园店）	铁机路东沙花园北区底商
腊肉炒洪山菜薹	味掌柜（雄楚店）	雄楚大道679号（武汉工程大学旁、雄楚金地1号对面）
排骨藕汤	辛香味烧鱼馆（南湖店）	文治街武昌府花样街2号

东西湖区

品类	店名	地址
油焖小龙虾	大自然·走马岭店（德晟店）	东西湖区走马岭革新大道新华润东啤对面
红烧甲鱼	东方滋补酒店	将军路65号
新农牛肉	诺亚喜事汇（临空港店）	武汉市东西湖区临空港大道418号
珍珠圆子	公民花园酒店	东西湖区田园大道558号
辣得跳	永兴家味·地道湖北菜（金银潭永旺店）	金银潭大道1号永旺梦乐城4楼467–470号
排骨藕汤	大自然·皇家宴（东光国际店）	东西湖区三店中路东光国际大厦3–5楼

蔡甸区

品类	店名	地址
油焖小龙虾	常来顺清真餐厅	创业路99号摩根空间底商
红烧甲鱼	村长家的疙瘩汤（沌口店）	观湖路东风阳光城四期红枫苑1栋号
鱼头泡饭	九真臭鳜鱼太子湖店	太子湖北路新新工业园五层办公楼一层
新农牛肉	武汉新农牛肉卤制品有限公司新农店	104省道中核世纪广场一楼

黄陂区

品类	店名	地址
黄陂三鲜	和记鲶鱼和福村	黄陂区滠口街道清河东路天纵时代城1–8号
腊肉炒洪山菜薹	醉得意·家常菜（盘龙城领袖城店）	巨龙大道盘龙城府生领袖城甲五栋1、2层12、13号

新洲区

品类	店名	地址
汪集鸡汤	武汉汪集汤食里食品有限公司	武汉市新洲区汪集街汪集路57号

武汉经济技术开发区

品类	店名	地址
鱼头泡饭	太景园餐厅	经济技术开发区芳草路与太子湖北路交汇处
红烧甲鱼	璞餐厅	经开区海棠路55联创科技中心一楼
红烧甲鱼	景壹味私房菜	武汉经济开发区太子湖畔星苑小区91号

东湖新技术开发区

品类	店名	地址
红烧甲鱼	雅和春景悦宴（华师园店）	东湖开发区华师园北路6号
排骨藕汤	楚禾宴（光谷大道店）	雄楚大道与光谷大道交汇处金鑫国际大厦一楼
鱼头泡饭	鱼头泡饭（光谷之星店）	九峰高科园路18号中建光谷之星商业街3栋2F
鱼头泡饭	水墨江南光谷店	东湖高新区光谷六路18号

东湖风景区

品类	店名	地址
清蒸武昌鱼	四季渔宴餐厅	东湖生态旅游风景区团山路168号
红烧甲鱼	楚云庄	东湖风景区喻家山北路9号

长江新区

品类	店名	地址
鱼头泡饭	香味来酒店	长江新区阳逻平江大道79号
鱼头泡饭	老阳逻餐厅	阳逻经济开发区圆梦路枫桦雅苑

武汉市名菜名点美食地图二维码

详细地图信息请扫描
二维码进入小程序查看

点 武汉名点餐厅

江岸区

品类	店名	地址
热干面	蔡林记（吉庆街店）	中山大道677号吉庆街民俗街一楼
热干面	五十年伞子热干面馆	球场路50号花鸟市场
热干面	常青麦香园（新华路店）	新华路316号（近台北一路）
热干面	光头黄热干面	吉庆民俗街一期4栋1层
热干面	伍号面馆（张自忠店）	张自忠路5号
三鲜豆皮	老通城豆皮大王（吉庆街店）	中山大道677号吉庆街民俗街一楼
三鲜豆皮	林双勤三鲜豆皮（温馨苑店）	百步亭花园路41号
面窝	罗氏面窝	尚德里1-13号尚德社区西北门
鲜肉汤包	四季美汤包（吉庆街店）	中山大道677号吉庆街民俗街一楼
鲜肉汤包	润发汤包（山海关店）	山海关路5附3
鲜肉汤包	良物华美汤包黄牛肉面（京汉城市广场店）	大智路与京汉大道交汇处京汉城市广场
鲜鱼糊汤粉	喻爹爹鲜鱼糊汤粉（凯旋名苑小区店）	健身街凯旋名苑1栋A栋1、2室
蛋酒	宋记热干面馆（三阳路店）	四唯小路麟趾社区东南侧
糯米鸡	李记鸡冠饺（山海关路店）	中山大道1476号
糯米鸡	仓山煮海·金汤酸菜肥肠粉（球场街店）	球场横街27号
重油烧麦	陶仙居（翻阳街店）	翻阳街79号
重油烧麦	丙祥烧麦（球场路店）	劳动街球场路48号
重油烧麦	武昌重油烧梅（一元路总店）	锋尚时代大厦
糯米包油条	徐氏糯米包油条（山海关路店）	山海关路30号
糊米酒	三镇民生甜食馆（胜利街总店）	胜利街123号
生煎包	八斤生煎（大智路店）	球场街京汉城市广场1层36号
生煎包	吴老二煎包饺子馆	苗栗路2号
鸡冠饺	李记鸡冠饺	中山大道1476号
鸡冠饺	喻爹爹鲜鱼糊汤粉（凯旋名苑小区店）	健身街凯旋名苑1栋A座1层1、2室
米粑	湖锦酒楼（一阳店）	三阳路8号
汽水包	毛氏汽水包（山海关路店）	山海关路13号
苕面窝	邓记油炸	新兴街与中山大道交叉口
年糕	五芳斋（中山大道总店）	中山大道1205号
豆腐脑	三镇民生甜食馆（胜利街总店）	胜利街123号
生烫牛肉粉	五五二生烫（蔡家田社区店）	二环线蔡家田A区7栋1层1室
生烫牛肉粉	长堤巷生烫牛肉面	二七路二七街89号
原汤水饺	淡炎记水饺馆（吉庆街店）	中山大道677号吉庆街民俗街一楼
原汤水饺	胡翠翠原味薄皮水饺	为群社区为群一村58号
原汤水饺	匠芯抄手（胜利街店）	胜利街347号附2号
红油牛肉面	双黄牛肉面馆	山海关路34号
红油牛肉面	肖记顶好牛肉面总店	兰陵路47号1层2室
红油牛肉面	瞎哥面馆（重才里店）	蔡家田小区B区5-1单元
藕粉	金壶刘兰陵藕粉	兰陵路与胜利街交叉口西行30米路北

江汉区

品类	店名	地址
热干面	蔡明纬（长港店）	新湾二路与常青三路交叉口金色雅园B区门面
热干面	铁棚子热干面	大兴路84号（民权路王家巷公交站对面巷子）
热干面	茗记热干面	民主一街4号附10号
三鲜豆皮	严老幺酒家（江汉路总店）	自治街219号
鲜肉汤包	易胖汤包	北湖正街环保社区53栋1号
鲜鱼糊汤粉	田恒啟（六渡桥店）	清芬一路98号
蛋酒	君君副食	新华路23号（新华体育中心旁）
糯米鸡	江氏糯米鸡（同益社区店）	民意一路6号
重油烧麦	顺香居（江汉路店）	交通路汉口stay四楼顺香居
重油烧麦	德润福严氏烧麦总店	双洞正街48号（友谊路B出口右拐60米）
糯米包油条	何嫂糯米包油条（循礼门店）	循礼门渣家路1号
糊米酒	顺香居（江汉路店）	交通路汉口stay四楼顺香居
生煎包	阿宝生煎包（万松园总店）	雪松路万松园小区37栋3单元一楼
年糕	德华楼（六渡桥店）	清芬一路57号
锅贴	妙墩锅贴	妙墩横路10号
生烫牛肉粉	黄记老炎成牛肉米粉	民主二街38号
生烫牛肉粉	王记牛杂馆（江汉三路店）	江汉三路43号
原汤水饺	芙蓉抄手（北湖正街店）	北湖正街人智里南侧
油香	老汉口油香	雪松路101号附5
红油牛肉面	王氏华华牛肉面（雪松路店）	雪松路231号
红油牛肉面	东一味牛肉粉（武展店）	武展汉商购物中心东下沉广场

硚口区

品类	店名	地址
热干面	三毛热干面	长堤街观音阁生鲜市场
热干面	三镇民生甜食馆（宝丰路店）	宝丰一路与宝丰二路交叉口旁
热干面	老四传统热干面店	三乐路建国社区内（荣华医院后门）
热干面	面面不忘（集贤路店）	集贤路31号
热干面	熊腊生热干面	集贤路6号附7号
鲜肉汤包	水晶汤包（古田三路店）	新华社区西南门旁（古田三路地铁站C口步行100米）
鸡冠饺	月宫食堂	中山大道101-103号附近
发糕	小李发糕（利济北路店）	荣华东村19栋1层
红油牛肉面	牛把子牛骨头粉（武胜路总店）	武胜西街10附4号
红油牛肉面	宝庆面馆	硚口区宝善街47号
鲜肉汤包	曾记水货汤包	硚口区长堤街188号
原汤水饺	谈炎记水饺	硚口区武胜路利济北路荣东小区1号
原汤水饺	妮妮水饺馆	硚口区宝善街与长堤街交叉口
重油烧麦	严氏重油烧麦	硚口区中山大道18号
鲜鱼糊汤粉	鳝鱼糊汤粉	硚口区宝善街44号
三鲜豆皮	梁记传统豆皮	硚口区解放大道53号附3号

汉阳区

品类	店名	地址
热干面	袁记红油热干面（自力店）	鹦鹉大道175号
热干面	鹏记热干面（玫瑰苑店）	玫瑰街377号
酥饺	吴氏金锅条（玫瑰苑北苑店）	玫瑰街275号附
锅贴	七七饺子（玫瑰街店）	玫瑰街245附1号玫西社区91号楼商铺
生烫牛肉粉	罗氏热干牛肉面馆（玫瑰街总店）	玫瑰街玫瑰苑北苑1楼

武昌区

品类	店名	地址
热干面	四季美汤包（黄鹤楼店）	黄鹤楼景区南门古肆明清商业街6–11号
热干面	顺一红油热干面	张之洞路139号紫阳金利屋
热干面	花太热干面馆	黄鹤楼街道烈士街34号（近首义园后门）
热干面	热热凉凉三环热干面	八一路武汉大学三环学生公寓门口2号商铺
热干面	石记石太婆热干面（户部巷店）	户部巷28号
三鲜豆皮	四季美汤包（复地东湖店）	中北路118号复地东湖国际一期商铺
鲜肉汤包	高记陋室汤包（张之洞路店）	张之洞路145号烈士街路口
鲜鱼糊汤粉	李记鲜鱼糊汤粉（大成路店）	大成路26号
鲜鱼糊汤粉	姚明糊汤粉（解放桥小区店）	八铺围堤与八铺街交叉口西南50米
鲜鱼糊汤粉	王记鲜鱼糊汤粉（大成路店）	大成路14号一楼
腊肉豆丝	老谦记（户部巷店）	户部巷都府堤4号附2号
腊肉豆丝	大中华酒楼	雄楚大道金地中心城东区1号楼1楼
红糖糍粑	艳阳天 · 非遗楚菜（黄鹤楼店）	彭刘杨路235号（老241号）
生煎包	蔡林记（珞狮南路店）	珞南街珞狮南路1层
欢喜坨	丽华早点（大成路店）	黄鹤楼街道大成路8号（近司门口）
武汉凉面	胖姐炸酱面红油牛肉粉	宝善堤23号
酥饺	余记酥饺(粮道街店)	粮道街257–19号
原汤水饺	小秋水饺（大成路总店）	大成路66号
原汤水饺	熊太婆非遗水饺（粮道街店）	粮道街与胭脂路交叉口处
油饼包烧麦	家阳赵师傅油饼包烧麦（粮道街店）	粮道街139号
红油牛肉面	启河牛肉面馆	宝善堤28号

青山区

品类	店名	地址
三鲜豆皮	醉江月（欢乐谷店）	大洲村仁和路青城华府商业街
面窝	卯起道味（青山店）	吉林街社区19号附22号17栋
红油牛肉面	田拐子牛肉面	南干渠街12附4

洪山区

品类	店名	地址
热干面	面妈妈（东湖花园022店）	东湖村东湖花园小区南1栋1314号
生煎包	青禾餐厅 · 东湖店	欢乐大道东方里商业街S4栋2楼
武汉凉面	肥肥虾庄（石牌岭店）	石牌岭路洪岭公寓12号
红油牛肉面	壬寅春牛肉粉（白沙洲店）	白沙五路5号

东西湖区

品类	店名	地址
腊肉豆丝	大自然东方盛宴	三店大道德思远工业园1号楼
酥饺	老徐酥饺	园博园东路9号1号4号
红油牛肉面	新沟牛肉面（吴北店）	三店中路吴北路60号北区66号
热干面	王记热干面（金银湖南街店）	金银湖南街翠堤春晓一期3栋A10号
三鲜豆皮	艳阳天·非遗楚菜（吴家山店）	吴家山田园大道特1号中百购物中心四楼
发糕	蒸传三宝香米糕	吴家山街道园艺小区2栋3号门面

蔡甸区

品类	店名	地址
鲜鱼糊汤粉	糊汤王	树藩大街155附6号
锅贴	剪子锅贴饺	龙家巷8附1号
锅贴	李记饺子馆（茂林街店）	茂林街

江夏区

品类	店名	地址
热干面	黄胖子牛肉面馆	熊廷弼街78号附4
热干面	小胡牛肉粉	江夏府雅园13号商铺
重油烧麦	黄记烧麦（古驿道店）	古驿道江夏税务小区西南侧
欢喜坨	中州府生态园餐厅	江夏大道中州路特1号
红油牛肉面	小胡牛肉粉	江夏府雅园13号商铺
鲜肉汤包	严敬泰包子铺	熊廷弼街156号附2

黄陂区

品类	店名	地址
三鲜豆皮	村长哥歌林花园店	盘龙城歌林花园1栋1层2号
热干面	村长哥（名流店）	盘龙城名流怡和园A-G5商网1层1号

新洲区

品类	店名	地址
三鲜豆皮	老阳逻	文腾枫桦雅苑4号楼7号商铺
红糖糍粑	新城宴	新洲文昌大道新城华府A4号楼
原汤水饺	汪集小瑶池鸡汤	汪集街汪集路94号

武汉经济技术开发区

品类	店名	地址
热干面	二妹烧麦	碧薇路碧桂园泰富城1栋1楼
红油牛肉面	向氏牛肉面馆	沌口建华社区B区225
热干面	传奇面馆（圣特立店）	月亮湾路与朱家山路交叉口
蛋酒	常青麦香园（汉南店）	兴一路凤凰苑底商

武汉特色美食街区一览
武昌区
户部巷特色美食街区
粮道街
楚风汉味美食街区
江汉区
万松园雪松路美食街
Markmall
江岸区
吉庆街民俗街
武汉天地
山海关路
硚口区
K11.Avenue11街区
汉口里美食街区
汉阳区
玫瑰街
鹦鹉巷子
青山区
恩施街特色美食街
东湖高新区
世界城光谷小吃街
东西湖区
永旺梦乐城武汉金银潭缤纷美食街
经开区
武汉经开万达美食街区
新洲区
汪集汤食一条街
江夏区
纸坊街东湖里

#过早冇？吃么斯？哪里吃？
武汉十大名点
热干面地图
芝麻不二
唐妈妈热干面
鹏记热干面
常青麦香园
汉口
渔鸿记牛杂馆
张记热干面
村长哥
长堤巷生烫牛肉面
二环线
盐甜记
赵四热干面
宋记热干面
伍号面馆
三镇民生甜食馆
三毛热干面
君君副食
东一味牛肉粉
茗记热干面
老田记面馆
光头黄热干面
蔡林记
长子热干面
老四传统热干面
面面不忘
牛把子牛骨头粉
陈胖子红油热干面
曾麻子
铁棚子热干面
罗氏热干牛肉面
李伟明牛肉面
蔡明纬
袁记红油热干面
武汉长江大桥
鹦鹉洲长江大桥
小蔡园热干面
花大热干面
面妈妈
武昌
楚汉三镇
汉阳
跟着地图去打卡

#过早冇？吃么斯？哪里吃？
武汉十大名点
网红早餐街地图
三环线
二环线
武汉二七长江大桥
三弓路
恩施街
马场角路
北湖正街
山海关路
天声街
武汉长江二桥
万松园
六渡桥远东巷
吉庆街
兰陵路
汉口
宝善堂
汉江
十升路
玫瑰街
胭脂路
沙湖
五龙路
西大街
户部巷
粮道街
武汉长江大桥
武昌
东湖
大成路
汉阳
鹦鹉洲长江大桥
瑞安街
平安路
建安街
杨泗港长江大桥
二环线
跟着地图去打卡

后 记

饮食文化，作为城市风貌的璀璨明珠，不仅是城市个性的鲜明印记与文化血脉的深刻体现，更是人文底蕴的丰厚载体，于无声处彰显城市的魅力与风采，为城市的知名度与美誉度添上浓墨重彩的一笔，驱动着经济、文化的繁荣前行。特色饮食，犹如一张张生动的名片，跨越地域界限，让人们因味蕾的触动而铭记某些城市的名字。

“人间烟火气，最抚凡人心”，在食物的香气与滋味中，人们不仅满足了口腹之欲，更在每一次咀嚼与回味中寻得了心灵的慰藉，情感的细腻与人际的温暖交织成一幅幅生动的城市画卷，让城市跃动着不息的生命力，形象鲜活而饱满。

本书的问世，旨在引领读者深入探索武汉这座英雄城市的饮食奥秘，品味武汉独特的人间烟火，推动楚菜及武汉饮食文化的传承与创新，进一步擦亮武汉的城市名片。这一旅程的开启与完成，离不开众多支持与帮助。衷心感谢刘玉堂、涂文学、王建军三位评审专家的悉心指导与宝贵建议。在武汉市政协文化文史和学习委员会的指导下，我们还要感谢武汉市商务局、武汉市文化和旅游局、武汉餐饮业协会、武汉市旅游协会、武汉市老字号协会的支持与配合。

华中师范大学田万津、江柯、丁文慧，武汉商学院李明晨，湖北经济学院李亮宇，湖北美术学院吴文文，中共湖北省委党校李任、陈庆平、黄倩雯、庞芊蕙、廖子辉、杨爱卿、钱宇通，湖北幼儿高等师范学院刘琴，南京师范大学宋博文，武汉博物馆杨颖，辛亥革命博物馆关睿，长江文明馆王康璐，北京电视台黄君慧，华中师范大学第一附属中学陈美英等参与写作。特邀《长江日报》高级编辑罗建华参与文字修订工作。在此，我们一并向上述人员表示诚挚的感谢！

然而，鉴于篇幅与时间的局限，本书未能尽述武汉美食之全貌，实为一憾。加之我们学识有限，书中难免存在疏漏与不足，恳请广大读者不吝赐教。

让我们携手，继续在武汉这座城市的味觉之旅中探寻、品味、传承，共同守护这份属于武汉的人间烟火，让楚菜之光，照亮更远的未来。

编　者

2024年10月12日